Prepara para el examen de matemáticas de GED

La guía definitiva para GED matemáticas + 2 exámenes de práctica completos

By

Reza Nazari

Traducido por Kamrouz Berenji

All inquiries should be addressed to:
info@effortlessMath.com
www.EffortlessMath.com

ISBN: 978-1-63719-262-7

Published by: **Effortless Math Education Inc.**

For Online Math Practice Visit www.EffortlessMath.com

Bienvenidos a
Preparación para matemáticas de GED
Año 2023

¡Te felicito por elegir Effortless Math para tu preparación para el examen de matemáticas GED y felicitaciones por tomar la decisión de tomar el examen GED! Es un movimiento notable que estás tomando, uno que no debe ser disminuido en ninguna capacidad.

Es por eso que debe usar todas las herramientas posibles para asegurarse de tener éxito en el examen con el puntaje más alto posible, y esta extensa guía de estudio es una mientas.

Si las matemáticas nunca han sido un tema sencillo para ti, **¡no te preocupes!** Este libro lo ayudará a prepararse para (e incluso ACE) la sección de matemáticas del examen GED. A medida que se acerca el día de la prueba, la preparación efectiva se vuelve cada vez más importante. Afortunadamente, tiene esta guía de estudio completa para ayudarlo a prepararse para el examen. Con esta guía, puede sentirse seguro de que estará más que listo para el examen de matemáticas GED cuando llegue el momento.

En primer lugar, es importante tener en cuenta que este libro es una guía de estudio y no un libro de texto. Es mejor leerlo de principio a fin. Cada lección de este "libro de matemáticas autoguiado" se desarrolló cuidadosamente para garantizar que esté haciendo el uso más efectivo de su tiempo mientras se prepara para el examen. Esta guía actualizada refleja las pautas de la prueba de 2022 y lo pondrá en el camino correcto para perfeccionar sus habilidades matemáticas, superar la ansiedad por los exámenes y aumentar su confianza, para que pueda tener lo mejor de sí mismo para tener éxito en la prueba de matemáticas GED.

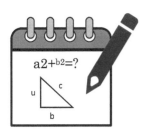

Esta guía de estudio:

☑ Explicar el formato de la prueba de matemáticas GED.

☑ Describa estrategias específicas para tomar exámenes que pueda usar en el examen.

☑ Proporcione consejos para tomar exámenes de matemáticas GED.

☑ Revise todos los conceptos y temas de GED Math en los que será probado.

☑ Ayudarle a identificar las áreas en las que necesita concentrar su tiempo de estudio.

☑ Ofrezca ejercicios que lo ayuden a desarrollar las habilidades matemáticas básicas que aprenderá en cada sección.

v

☑ Ofrezca **2 pruebas de práctica realistas y completas** (con nuevos tipos de preguntas) con respuestas detalladas para ayudarlo a medir su preparación para el examen y generar confianza.

Este recurso contiene todo lo que necesitará para tener éxito en el examen de matemáticas GED. Obtendrá instrucciones detalladas sobre cada tema de matemáticas, así como consejos y técnicas sobre cómo responder a cada tipo de pregunta. También obtendrá muchas preguntas de práctica para aumentar su confianza en la toma de exámenes.

Además, en las siguientes páginas encontrarás:

- **¿Cómo usar este libro de manera efectiva?**: esta sección le proporciona instrucciones paso a paso sobre cómo aprovechar al máximo esta completa guía de estudio.

- **¿Cómo estudiar para el GED Matemática Test?**: Se ha desarrollado un programa de estudio de seis pasos para ayudarlo a hacer el mejor uso de este libro y prepararse para su examen de GED Matemática. Aquí encontrará consejos y estrategias para guiar su programa de estudio y ayudarlo a comprender GED Matemática y cómo aprobar el examen.

- **Revisión de matemáticas de GED**: aprenda todo lo que necesita saber sobre el examen de matemáticas de GED.

- **Estrategias de toma de exámenes de matemáticas de GED**: aprenda cómo poner en práctica de manera efectiva estas técnicas recomendadas de toma de exámenes para mejorar su puntaje de matemáticas de GED.

- **Consejos para el día de la prueba**: revise estos consejos para asegurarse de que hará todo lo posible cuando llegue el gran día.

Centro en línea GED de EffortlessMath.com

Effortless Matemática Online GED Center ofrece un programa de estudio completo, que incluye lo siguiente:

- Instrucciones paso a paso sobre cómo prepararse para el examen de matemáticas GED.

- Numerosas hojas de trabajo de matemáticas de GED para ayudarlo a medir sus habilidades matemáticas.

- Lista completa de fórmulas matemáticas de GED.

- Lecciones en video para todos los temas de matemáticas de GED.

- Exámenes completos de práctica de matemáticas GED.

- Y mucho más...

No es necesario registrarse

> **Error! No text of specified style in document.**
>
> Visite **Effortlessmath.com/GED** para encontrar sus recursos en línea de GED Matemática.

¿Cómo se utiliza este libro efectivamente?

Mire no más cuando necesite una guía de estudio para mejorar sus habilidades matemáticas para tener éxito en la parte de matemáticas de la prueba GED. Cada capítulo de esta guía completa de GED Matemática le proporcionará el conocimiento, las herramientas y la comprensión necesaria para cada tema cubierto en el examen.

Es imperativo que entiendas cada tema antes de pasar a otro, ya que esa es la forma de garantizar tu éxito. Cada capítulo le proporciona ejemplos y una guía paso a paso de cada concepto para comprender mejor el contenido que estará en la prueba. Para obtener los mejores resultados posibles de este libro:

> **Comience a estudiar mucho antes de la fecha de su examen**. Esto le proporciona tiempo suficiente para aprender los diferentes conceptos matemáticos. Cuanto antes comiences a estudiar para el examen, más agudas serán tus habilidades. ¡No procrastinar! Proporciónese suficiente tiempo para aprender los conceptos y siéntase cómodo de entenderlos cuando llegue la fecha de su examen.

> **Practica consistentemente**. Estudie los conceptos de matemáticas de GED al menos de 20 a 30 minutos al día. Recuerde, lento y constante gana la carrera, lo que se puede aplicar a la preparación para el examen de matemáticas GED. En lugar de abarrotar para abordar todo a la vez, sea paciente y aprenda los temas de matemáticas en ráfagas cortas.

➤ Cada vez que se equivoque en un problema de matemáticas, **márquelo y revíselo más tarde** para asegurarse de que comprenda el concepto.

➤ Comience cada sesión **revisando el material anterior.**

➤ Una vez que haya revisado las lecciones del libro, **realice una prueba de práctica en la parte posterior del libro** para medir su nivel de preparación. Luego, revise sus resultados. Lea las respuestas y soluciones detalladas para cada pregunta en la que se haya equivocado.

➤ **Tome otra prueba** de práctica para tener una idea de qué tan listo está para tomar el examen real. Tomar las pruebas de práctica le dará la confianza que necesite para el día del examen. Simule el entorno de prueba de GED sentándose en una habitación tranquila y libre de distracciones. Asegúrese de registrarse con un temporizador.

Cómo estudiar para el GED Matemática Prueba

Estudiar para el examen de matemáticas GED puede ser una tarea realmente desalentadora y aburrida. ¿Cuál es la mejor manera de hacerlo? ¿Existe algún método de estudio que funcione mejor que otros? Bueno, estudiar para el GED Matemática se puede hacer de manera efectiva. El siguiente programa de seis pasos ha sido diseñado para hacer que la preparación para el examen de matemáticas GED sea más eficiente y menos abrumadora.

Paso 1 - Crear un plan de estudio.

Paso 2 - Elige tus recursos de estudio.

Paso 3 - Revisar, aprender, practicar

Paso 4 - Aprender y practicar estrategias de toma de exámenes.

Paso 5 - Aprende el formato de la prueba GED y toma pruebas de práctica.

Paso 6 - Analiza tu rendimiento.

Paso 1: Crear un plan de estudio

Siempre es más fácil hacer las cosas cuando tienes un plan. Crear un plan de estudio para el examen de matemáticas GED puede ayudarlo a mantenerse en el camino con sus estudios. Es importante sentarse y preparar un plan de estudio con lo que funciona con su vida, trabajo y cualquier otra obligación que pueda tener. Dedica suficiente tiempo cada día al estudio. También es una gran idea dividir cada sección del examen en bloques y estudiar un concepto a la vez.

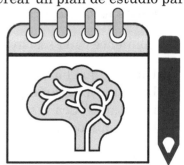

Es importante entender que no hay una manera "correcta" de crear un plan de estudio. Su plan de estudio será personalizado en función de sus necesidades específicas y estilo de aprendizaje.

Siga estas pautas para crear un plan de estudio efectivo para su examen de matemáticas GED:

★ **Analice su estilo de aprendizaje y hábitos de estudio**: cada persona tiene un estilo de aprendizaje diferente. Es esencial abrazar tu individualidad y la forma única en que aprendes. Piensa en lo que funciona y lo que no funciona para ti. ¿Prefieres los libros de preparación para matemáticas de GED o una combinación de libros de texto y lecciones en video? ¿Te funciona mejor si estudias todas las noches durante treinta minutos o es más efectivo estudiar por la mañana antes de ir a trabajar?

★ **Evalúe su horario**: revise su horario actual y averigüe cuánto tiempo puede dedicar constantemente al estudio de matemáticas de GED.

★ **Desarrolle un horario**: ahora es el momento de agregar su horario de estudio a su calendario como cualquier otra obligación. Programe tiempo para estudiar, practicar y revisar. Planifique qué tema estudiará en qué día para asegurarse de que está dedicando suficiente tiempo a cada concepto. Desarrolle un plan de estudio que sea consciente, realista y flexible.

★ **Apéguese a su horario**: un plan de estudio solo es efectivo cuando se sigue de manera consistente. Debe tratar de desarrollar un plan de estudio que pueda seguir durante la duración de su programa de estudio.

★ **Evalúe su plan de estudio y ajústelo según sea necesario**: a veces necesita ajustar su plan cuando tiene nuevos compromisos. Consulte con usted mismo regularmente para asegurarse de que no se está quedando atrás en su plan de estudio. Recuerde, lo más importante es apegarse a su plan. Tu plan de estudios se trata de ayudarte a ser más productivo. Si encuentras que tu plan de estudio no es tan efectivo como deseas, no te desanimes. Está bien hacer cambios a medida que descubres qué funciona mejor para ti.

PASO 2: Elija sus recursos de estudio

Hay numerosos libros de texto y recursos en línea disponibles para el examen de matemáticas GED, y es posible que no esté claro por dónde comenzar. ¡No te preocupes! Esta guía de estudio proporciona todo lo que necesita para prepararse completamente para su examen de matemáticas GED. Además del contenido del libro, también puede usar los recursos en línea de Effortless

PASO 3: Revisar, aprender, practicar

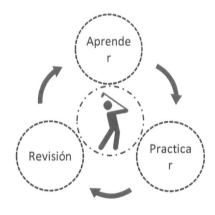

Esta guía de estudio de GED Matemática divide cada tema en habilidades específicas o áreas de contenido. Por ejemplo, el concepto de porcentaje se divide en diferentes temas: cálculo de porcentaje, aumento y disminución porcentual, porcentaje de problemas, etc. Use esta guía de estudio y el centro de GED en línea de Effortless Matemática para ayudarlo a repasar todos los conceptos y temas clave de matemáticas en el examen de matemáticas de GED.

A medida que lea cada tema, tome notas o resalte los conceptos que le gustaría repasar nuevamente en el futuro. Si no está familiarizado con un tema o algo es difícil para usted, use el enlace (o el código QR) en la parte inferior de la página para encontrar la página web que proporciona más instrucciones sobre ese tema. Para cada tema de matemáticas, se proporcionan muchas instrucciones, guías paso a paso y ejemplos para garantizar que obtenga una buena comprensión del material.

Revise rápidamente los temas que entienda para obtener un repaso del material. Asegúrese de hacer las preguntas de práctica proporcionadas al final de cada capítulo para medir su comprensión de los conceptos.

Paso 4: Aprender y practicar estrategias de toma de exámenes

En las siguientes secciones, encontrará importantes estrategias y consejos para tomar exámenes que pueden ayudarlo a ganar puntos adicionales. Aprenderás a pensar estratégicamente y cuándo adivinar si no sabes la respuesta a una pregunta. El uso de estrategias y consejos para tomar exámenes de matemáticas de GED puede ayudarlo a aumentar su puntaje y obtener buenos resultados en el examen. Aplique estrategias de toma de exámenes en las pruebas de práctica para ayudarlo a aumentar su confianza.

Paso 5: Aprenda el formato de la prueba GED y realice pruebas de práctica

La sección *Revisión de la prueba de GED* proporciona información sobre la estructura de la prueba de GED. Lea esta sección para obtener más información sobre la estructura de la prueba GED, las diferentes secciones de la prueba, el número de preguntas en cada sección y los límites de tiempo de la sección. Cuando tenga una comprensión previa del formato del examen y los diferentes tipos de preguntas de matemáticas de GED, se sentirá más seguro cuando realice el examen real.

Una vez que haya leído las instrucciones y lecciones y sienta que está listo para comenzar, aproveche las dos pruebas de práctica de matemáticas GED completas disponibles en esta guía de estudio. Use las pruebas de práctica para agudizar sus habilidades y desarrollar confianza.

Las pruebas de práctica de matemáticas de GED que se ofrecen al final del libro tienen un formato similar a la prueba de matemáticas de GED real. Cuando realice cada prueba de práctica, intente simular las condiciones reales de la prueba. Para tomar las pruebas de práctica, siéntese en un espacio tranquilo, tómese el tiempo y trabaje en tantas preguntas como el tiempo lo permita. Las pruebas de práctica son seguidas por explicaciones de respuesta detalladas para ayudarlo a encontrar sus áreas débiles, aprender de sus errores y aumentar su puntaje de matemáticas GED.

Paso 6: Analice su rendimiento

Después de tomar las pruebas de práctica, revise las claves de respuesta y las explicaciones para saber qué preguntas respondió correctamente y cuáles no. Nunca te desanimes si cometes algunos errores. Véalos como una oportunidad de aprendizaje. Esto resaltará sus fortalezas y debilidades.

Puede usar los resultados para determinar si necesita práctica adicional o si está listo para tomar el examen de matemáticas GED real.

¿Buscas más?

Visite EffortlessMath.com/GED para encontrar cientos de hojas de trabajo de GED Math, tutoriales en video, pruebas de práctica, fórmulas de GED Matematica y mucho más.

O escanea este código QR.

No es necesario registrarse.

Revisión de la prueba GED

La Prueba General de Desarrollo Educativo, comúnmente conocida como GED o grado de equivalencia de escuela secundaria, es una prueba estandarizada y es la única prueba de equivalencia de escuela secundaria reconocida en los 50 estados de los Estados Unidos.

Actualmente, el GED es una prueba basada en computadora y se realiza en centros de pruebas de todo el país. Hay cuatro pruebas de área temática en GED:

➢ Razonamiento a través de las artes del lenguaje

➢ Razonamiento matemático

➢ Ciencias sociales

➢ Ciencia

La prueba GED de un vistazo:

Sección	Visión general	Tiempo de prueba	Puntuación aprobatoria
Razonamiento a través de las artes del lenguaje	Habilidades de lectura y escritura	150 minutos	145
Razonamiento matemático	Matemáticas cuantitativas y álgebra	115 minutos	145
Ciencia	Vida, tierra y espacio, y ciencias físicas	90 minutos	145
Ciencias sociales	Geografía, civismo, economía e historia de los Estados Unidos	90 minutos	145

La prueba de razonamiento matemático GED es una prueba de una sola sección de 115 minutos que cubre temas básicos de matemáticas, resolución de problemas cuantitativos y preguntas algebraicas. Hay dos partes en la sección de razonamiento matemático. La primera parte contiene 5 preguntas y las calculadoras no están permitidas. La segunda parte contiene 41 preguntas. Se permite una calculadora en la segunda parte. Para obtener más información sobre cómo usar la calculadora en su examen de matemáticas de GED, visite: Effortlessmath.com/blog/ged-calculator

Cómo se puntúa el GED

La prueba de área GED se califica en una escala de 100-200 puntos. Para aprobar el GED, debe obtener al menos 145 en cada una de las cuatro pruebas de asignaturas, para un total de al menos 580 puntos (de un total posible de 800).

Cada prueba de asignatura debe aprobarse individualmente. Esto significa que debe obtener 145 en cada sección de la prueba. Si reprobó una prueba de asignatura, pero lo hizo lo suficientemente bien en otra para obtener una puntuación total de 580, eso todavía no es una puntuación aprobatoria.

Hay cuatro puntajes posibles que puede recibir en la prueba GED:

No aprobar: Esto indica que su puntaje es inferior a 145 en cualquiera de las cuatro pruebas. Si no aprueba, puede reprogramar hasta dos veces al año para volver a tomar cualquiera o todas las materias del examen GED.

Puntaje de aprobación / Equivalencia de la escuela secundaria: Este puntaje indica que su puntaje está entre 145-164. Recuerde que los puntos sobre un tema de la prueba no se transfieren a los otros sujetos.

Listo para la universidad: Esto indica que su puntaje está entre 165-175, lo que demuestra la preparación para la carrera y la universidad. Un puntaje de Universidad Listo muestra que es posible que no necesite pruebas de colocación o remediación antes de comenzar un programa de grado universitario.

College Ready + Crédito: Esto indica que su puntaje es de 175 o más. Esto demuestra que ya has dominado algunas habilidades que se enseñarían en los cursos universitarios. Dependiendo de la política de una escuela, esto puede traducirse en algunos créditos universitarios, lo que le ahorra tiempo y dinero durante su educación universitaria.

Tipos de preguntas matemáticas de GED

El examen de matemáticas GED tiene una variedad de tipos de preguntas mejoradas:

- Opción múltiple: este es el tipo de pregunta más común. Las preguntas de opción múltiple piden a los estudiantes que elijan la respuesta correcta de entre cuatro o cinco opciones de respuesta posibles.

- Selección múltiple: este tipo de pregunta es un poco diferente a la opción múltiple. Los examinados seleccionarán todas las opciones de respuesta correctas entre varias opciones. En lugar de tener una sola respuesta correcta, podría haber dos o más respuestas correctas.

- Rellene el espacio en blanco: los examinados escriben sus respuestas en el cuadro, ya sea después de una pregunta o en medio de una oración. En matemáticas, la respuesta es a menudo numérica, pero a veces puede ser una palabra o una frase corta.

- Arrastrar y soltar: los examinados deberán hacer clic y usar una opción "arrastrable" para mover la respuesta a la región de destino y la pregunta con la que se relaciona. A veces puede haber dos o más regiones objetivo.

- Coincidencia: este formato de pregunta requiere que los examinados marquen una casilla cuando los datos de una columna coincidan con los datos de una fila. Las preguntas verdaderas o falsas entran dentro de este tipo de pregunta.

Tabla-Entrada: Este tipo de pregunta se utiliza cuando hay una tabla de valores de dos columnas. Ciertas celdas de la tabla tendrán un cuadro donde el examinando escribe un número para que la tabla sea correcta.

¿Cómo se puntúa el GED?

La prueba de área GED se califica en una escala de 100-200 puntos. Para aprobar el GED, debe obtener al menos 145 en cada una de las cuatro pruebas de asignaturas, para un total de al menos 580 puntos (de un total posible de 800).

Cada prueba de asignatura debe aprobarse individualmente. Esto significa que debe obtener 145 en cada sección de la prueba. Si reprobó una prueba de asignatura pero lo hizo lo suficientemente bien en otra para obtener una puntuación total de 580, eso todavía no es una puntuación aprobatoria.

Hay cuatro puntajes posibles que puede recibir en la prueba GED:

No aprobar: Esto indica que su puntaje es inferior a 145 en cualquiera de las cuatro pruebas. Si no aprueba, puede reprogramar hasta dos veces al año para volver a tomar cualquiera o todas las materias del examen GED.

Puntaje de aprobación / Equivalencia de la escuela secundaria: Este puntaje indica que su puntaje está entre 145-164. Recuerde que los puntos sobre un tema de la prueba no se transfieren a los otros sujetos.

Listo para la universidad: Esto indica que su puntaje está entre 165-175, lo que demuestra la preparación para la carrera y la universidad. Un puntaje de Universidad Listo muestra que es posible que no necesite pruebas de colocación o remediación antes de comenzar un programa de grado universitario.

College Ready + Credit: Esto indica que su puntaje es de 175 o más. Esto demuestra que ya has dominado algunas habilidades que se enseñarían en los cursos universitarios. Dependiendo de la política de una escuela, esto puede traducirse en algunos créditos universitarios, lo que le ahorra tiempo y dinero durante su educación universitaria.

Estrategias para tomar exámenes de matemáticas de GED

Aquí hay algunas estrategias de toma de exámenes que puede usar para maximizar su rendimiento y resultados en el examen de matemáticas GED.

1 : Use este enfoque para responder a cada pregunta de matemáticas de GED

- Revise la pregunta para identificar palabras clave e información importante.

- Traduzca las palabras clave en operaciones matemáticas para que puedas resolver el problema.

- Revise las opciones de respuesta. ¿Cuáles son las diferencias entre las opciones de respuesta?

- Dibuje o etiquete un diagrama si es necesario.

- Trate de encontrar patrones.

- Encuentre el método adecuado para responder a la pregunta. Use matemáticas sencillas, conecte números o pruebe las opciones de respuesta (resolución inversa).

- Revise su trabajo.

#2 : Usa conjeturas educadas

Este enfoque es aplicable a los problemas que entiendas hasta cierto punto, pero no puedes resolver usando matemáticas sencillas. En tales casos, trate de filtrar tantas opciones de respuesta como sea posible antes de elegir una respuesta. En los casos en los que no tenga idea de lo que implica un determinado problema, no pierda el tiempo tratando de eliminar las opciones de respuesta. Simplemente elija uno al azar antes de pasar a la siguiente pregunta.

Como puede comprobar, las soluciones directas son el enfoque óptimo. Lea cuidadosamente la pregunta, determine cuál es la solución utilizando las matemáticas que ha aprendido antes, luego coordine la respuesta con una de las opciones disponibles para usted. ¿Estás perplejo? Haz tu mejor suposición, luego sigue adelante.¡No dejes ningún campo vacío! Incluso si no puede resolver un problema, esfuércese por responderlo. Adivina si tienes que hacerlo. No perderá puntos al obtener una respuesta incorrecta, ¡aunque puede ganar un punto al corregirla!

#3: Estadio de Béisbol

Una respuesta aproximada es una aproximación. Cuando nos sentimos abrumados por los cálculos y las cifras, terminamos cometiendo errores tontos. Un decimal que se mueve por una unidad puede cambiar una respuesta de correcta a incorrecta, independientemente del número de pasos que haya realizado para obtenerla.

Si crees que sabes cuál puede ser la respuesta correcta (incluso si es solo una respuesta aproximada), generalmente tendrás la capacidad de eliminar un par de opciones. Si bien las opciones de respuesta generalmente se basan en el error promedio del estudiante y / o los valores que están estrechamente vinculados, aún podrá eliminar las opciones que están muy lejos. Trate de encontrar respuestas que no estén en el estadio proverbial cuando esté buscando una respuesta incorrecta en una pregunta de opción múltiple. Este es un enfoque óptimo para eliminar las respuestas a un problema.

#4: Resolución de retroceso

La mayoría de las preguntas en el examen de matemáticas GED serán en formato de opción múltiple. Muchos examinados prefieren las preguntas de opción múltiple, ya que al menos la respuesta está ahí. Por lo general, tendrá cuatro respuestas para elegir. Simplemente necesita averiguar cuál es el correcto. Por lo general, la mejor manera de hacerlo es "resolver la espalda".

Como se mencionó anteriormente, las soluciones directas son el enfoque óptimo para responder a una pregunta. Lea cuidadosamente un problema, calcule una solución y luego corresponda la respuesta con una de las opciones que se muestran frente a usted. Si no puede calcular una solución, su siguiente mejor enfoque implica "resolver".

Al volver a resolver un problema, compare una de sus opciones de respuesta con el problema que se le pregunta, luego vea cuál de ellas es la más relevante. La mayoría de las veces, las opciones de respuesta se enumeran en orden ascendente o descendente. En tales casos, pruebe las opciones B o C. Si no es correcto, puedes bajar o subir desde allí.

5 : Conectando números

"Conectar números" es una estrategia que se puede aplicar a una amplia gama de diferentes problemas matemáticos en el examen GED Matemática. Este enfoque se utiliza normalmente para simplificar una pregunta desafiante para que sea más comprensible. Al usar la estrategia con cuidado, puede encontrar la respuesta sin demasiados problemas.

El concepto es bastante sencillo: reemplace variables desconocidas en un problema con ciertos valores. Al seleccionar un número, tenga en cuenta lo siguiente:

- Elija un número que sea básico (pero no demasiado básico). En general, debe evitar elegir 1 (o incluso 0). Una opción decente es 2.

- Trate de no elegir un número que se muestre en el problema.

- Asegúrese de mantener sus números diferentes si necesita elegir al menos dos de ellos.

- La mayoría de las veces, elegir números simplemente le permite filtrar algunas de sus opciones de respuesta. Como tal, no solo vaya con la primera opción que le brinde la respuesta correcta.

- Si varias respuestas parecen correctas, deberá elegir otro valor e intentarlo de nuevo. Esta vez, sin embargo, solo tendrá que verificar las opciones que aún no se han eliminado.

- Si su pregunta contiene fracciones, entonces una posible respuesta correcta puede involucrar una pantalla LCD (mínimo común denominador) o un múltiplo LCD.

- 100 es el número que debe elegir cuando se trata de problemas que involucran porcentajes.

GED Matemática – Consejos para el día del examen

Después de practicar y revisar todos los conceptos matemáticos que te han enseñado, y tomar algunas pruebas de práctica de matemáticas GED, estarás preparado para el día del examen. Considere los siguientes consejos para estar extra listo en el momento de la prueba.

■ Antes de la prueba

¿Qué hacer la noche anterior?:

- **¡Relajate!:** Un día antes de su examen, estudie a la ligera u omita el estudio por completo. Tampoco debes intentar aprender algo nuevo. Hay muchas razones por las que estudiar la noche antes de una gran prueba puede funcionar en tu contra. Dicho de esta manera: un maratonista no saldría a correr antes del día de una gran carrera. Los maratonistas mentales, como usted, no deben estudiar durante más de una hora y 24 horas antes de una prueba de GED. Esto se debe a que su cerebro requiere un poco de descanso para estar en su mejor momento. La noche antes de su examen, pase algún tiempo con familiares o amigos, o lea un libro.

- **Evite las pantallas brillantes:** tendrá que dormir bien la noche antes de su prueba. Las pantallas brillantes (como las que provienen de su computadora portátil, televisor o dispositivo móvil) deben evitarse por completo. Mirar una pantalla de este tipo mantendrá su cerebro en alto, lo que dificultará quedarse dormido a una hora razonable.

- **Asegúrese de que su cena sea saludable:** la comida que tiene para cenar debe ser nutritiva. Asegúrese de beber mucha agua también. Cargue sus carbohidratos complejos, al igual que lo haría un corredor de maratón. La pasta, el arroz y las papas son opciones ideales aquí, al igual que las verduras y las fuentes de proteínas.

- **Prepare su bolso para el día del examen:** la noche anterior a su examen, empaque su bolso con su papelería, pase de admisión, identificación y cualquier otro equipo que necesite. Mantenga la bolsa justo al lado de la puerta de su casa.

- **Haga planes para llegar al sitio de prueba:** antes de irse a dormir, asegúrese de comprender con precisión cómo llegará al sitio de la prueba. Si el estacionamiento es algo que tendrá que encontrar primero, planifíquelo. dependes del transporte público, revisa el horario. También debe asegurarse de que el tren / autobús / metro / tranvía que utiliza estará funcionando. Infórmese también sobre los cierres de carreteras. Si un padre o amigo lo acompaña, asegúrese de que también entienda qué pasos debe tomar.

El día de la prueba

- Levántese razonablemente temprano, pero no demasiado temprano.

- Desayunar: El desayuno mejora su concentración, memoria y estado de ánimo. Como tal, asegúrese de que el desayuno que come por la mañana sea saludable. Lo último que quieres es distraerte con una barriga quejumbrosa. Si no es su propio estómago el que hace esos ruidos, otro examinador cercano a usted podría estar en su lugar. Prevenga la incomodidad o la vergüenza consumiendo un desayuno saludable. Traiga un bocadillo con usted si cree que lo necesitará.

- Sigue tu rutina diaria: ¿Ves "Good Morning America" cada mañana mientras te preparas para el día? No rompas tus hábitos habituales el día de la prueba. Del mismo modo, si el café no es algo que beba por la mañana, entonces no tome el hábito horas antes de su prueba. La consistencia de la rutina le permite concentrarse en el objetivo principal: hacer lo mejor que pueda en su prueba.

- Use capas: vístase con capas cómodas. Debe estar listo para cualquier tipo de temperatura interna. Si hace demasiado calor durante la prueba, quítese una capa.

- Llegar temprano: Lo último que desea hacer es llegar tarde al sitio de prueba. Más bien, debe estar allí 45 minutos antes del inicio de la prueba. A su llegada, trate de no pasar el rato con nadie que esté nervioso. Cualquier energía ansiosa que exhiban no debería influirte.

- Deje los libros en casa: No se deben llevar libros al sitio de prueba. Si comienzas a desarrollar ansiedad antes del examen, los libros podrían alentarte a estudiar en el último minuto, lo que solo te obstaculizará. Mantenga los libros lejos, mejor aún, déjelos en casa.

- Haga que su voz sea escuchada: Si algo está mal, hable con un supervisor. Si necesita atención médica o si va a requerir algo, consulte al supervisor antes del inicio de la prueba. Cualquier duda que tengas debe ser aclarada. Debe ingresar al sitio de prueba con un estado mental que esté completamente claro.Ten fe en ti mismo: cuando te sientas seguro, podrás rendir al máximo. Cuando esté esperando a que comience la prueba, imagínese recibiendo un resultado sobresaliente. Trata de verte a ti mismo como alguien

 xxiii

que conoce todas las respuestas, sin importar cuáles sean las preguntas. Muchos atletas tienden a usar esta técnica, especialmente antes de una gran competencia. Sus expectativas se verán reflejadas por su desempeño.

Durante la prueba

- **Mantenga la calma y respire profundamente**: debe relajarse antes de la prueba, y un poco de respiración profunda le ayudará mucho a hacerlo. Ten confianza y calma. Tienes esto. Todo el mundo se siente un poco estresado justo antes de que comience una evaluación de cualquier tipo. Aprenda algunos ejercicios de respiración efectivos. Dedique un minuto a meditar antes de que comience la prueba. Filtra cualquier pensamiento negativo que tengas. Muestre confianza cuando tenga tales pensamientos.

- **Concéntrese en la prueba**: absténgase de compararse con cualquier otra persona. No debes distraerte con las personas cerca de ti o el ruido aleatorio. Concéntrese exclusivamente en la prueba. Si se encuentra irritado por los ruidos circundantes, se pueden usar tapones para los oídos para bloquear los sonidos cerca de usted. No lo olvide: la prueba durará varias horas si está tomando más de un tema de la prueba. Parte de ese tiempo se dedicará a secciones breves. Concéntrese en la sección específica en la que está trabajando durante un momento en particular. No dejes que tu mente divague hacia las secciones próximas o anteriores.

- **Omita preguntas desafiantes**: optimice su tiempo al tomar el examen. Persistir en una sola pregunta durante demasiado tiempo funcionará en su contra. Si no sabe cuál es la respuesta a una determinada pregunta, use su mejor suposición y marque la pregunta para que pueda revisarla más adelante. No hay necesidad de pasar tiempo tratando de resolver algo de lo que no estás seguro. Ese tiempo sería mejor servido manejando las preguntas que realmente puede responder bien. No será penalizado por obtener la respuesta incorrecta en una prueba como esta.

- **Trate de responder a cada pregunta individualmente**: concéntrese solo en la pregunta en la que está trabajando. Utilice una de las estrategias de toma de pruebas para resolver el problema. Si no eres capaz de encontrar una respuesta, no te frustres. Simplemente omita esa pregunta, luego pase a la siguiente.

- **¡No olvides respirar!** Cada vez que note que su mente divaga, sus niveles de estrés aumentan o la frustración se está gestando, tome un descanso de treinta segundos. Cierra los ojos, suelta el lápiz, respira profundamente y deja que tus hombros se relajen. Terminarás siendo más productivo cuando te permitas relajarte por un momento.

- Revisa tu respuesta. Si todavía tiene tiempo al final de la prueba, no lo desperdicie. Regrese y revise sus respuestas. Vale la pena pasar por la prueba de principio a fin para asegurarse de que no cometió un error descuidado en alguna parte.

- Optimice sus descansos: cuando llegue el momento del descanso, use el baño, tome un refrigerio y reactive su energía para la sección posterior. Hacer algunos estiramientos puede ayudar a estimular el flujo sanguíneo.

Después de la prueba

- Tómelo con calma: deberá reservar un tiempo para relajarse y descomprimir una vez que la prueba haya concluido. No hay necesidad de estresarse por lo que podría haber dicho, o lo que puede haber hecho mal. En este punto, no hay nada que puedas hacer al respecto. Tu energía y tiempo se gastarían mejor en algo que te traerá felicidad por el resto de tu día.

- Rehacer la prueba: ¿Pasaste la prueba? ¡Felicidades! ¡Tu arduo trabajo valió la pena! Aprobar esta prueba significa que ahora estás tan bien informado como alguien que se ha graduado de la escuela secundaria.

- Sin embargo, si ha fallado su prueba, ¡no se preocupe! La prueba se puede volver a tomar. En tales casos, deberá seguir la política de retoma establecida por su estado. También debe volver a registrarse para volver a tomar el examen nuevamente.

Contenidos

Capítulo:

1 Fracciones y Números Mixtos   1

Simplificación de Fracciones 2
Suma y Resta de Fracciones... 3
Multiplicación y División de Fracciones 4
Suma de Números Mixtos... 5
Resta de Números Mixtos 6
Multiplicación de Números Mixtos 7
División de Números Mixtos 8
Capítulo 1: Respuestas 9

Capítulo:

2 Decimales   15

Comparación de Decimales.. 16
Redondeo de Decimales 17
Suma y Resta de Decimales... 18
Multiplicación y División de Decimales 19
Capítulo 2: Respuestas 20

Capítulo:

3 Enteros y Orden de Operaciones   24

Suma y resta de enteros 25
Multiplicación y División de Enteros 26
Orden de Operaciones... 27
Enteros y Valor Absoluto 28
Capítulo 3: Respuestas 29

Capítulo:

4 Razones y proporciones   32

Simplificación de Proporciones.. 33
Razones Proporcionales 34
Similaridad y Razones 35
Capíitulo 4: Respuestas 37

5 Porcentaje   40

Problemas de Porcentaje 41
Porcentaje de Aumento y Disminución.. 42
Descuento, Impuestos y Propina 43
Interés Simple 44
Capítulo 5: Respuestas 45

Capítulo

6

Exponentes y Variables   48

Propiedad de Multiplicación de Exponentes.. 49
Propiedad de División de Exponentes... 50
Potencias de Productos y Cocientes 51
Exponentes Cero y Negativos.. 52
Exponentes Negativos y Bases Negativas 53
Notación Científica... 54
Radicales.. 55
Capítulo 6: Respuestas 56

Capítulo

7

Expressions and Variables   64

Simplificación de Expresiones Variables.. 65
Simplificación de Expresiones Polinómicas... 66
La Propiedad Distributiva.. 67
Evaluación de Una Variable... 68
Evaluación de Dos Variables 69
Capítulo 7: Respuestas 70

Capítulo:

8

Equations and Inequalities   74

Ecuaciones de un Paso.. 75
Ecuaciones de Varios Pasos.. 76
Sistema de Ecuaciones... 77
Graficación de Desigualdades de Una Sola Variable 78
Desigualdades de un Paso 79
Desigualdades de Varios Pasos 80
Capítulo 8: Respuestas 81

Capítulo:

9

Líneas y Pendiente   86

Encontrar la pendiente 87
Graficar Líneas Usando la Forma Pendiente-Intersección 88
Escribir Ecuaciones Lineales.. 89
Encontrar la Distancia de Dos Puntos.. 92
Graficación Desigualdades Lineales 93
Capítulo 9: Respuestas- 94

Capítulo:

10

Polinomios   101

Simplificaing Polynomials 102
Suma y Resta de Polinomios 103
Multiplicación de Monomios 104
Multiplicación y División de Monomios 105
Multiplicar un Polinomio y un Monomio 106
Multiplicación de Binomios 107
Factorización de Trinomios 108
Capítulo 10: Respuestas 109

Capítulo: Geometría y Figuras Sólidas · 116

11

El Teorema de Pitágoras 117
Ángulos Complementarios y Suplementarios 118
Paralelas y Transversales 119
Triángulos... 120
Triángulos Rectángulos Especiales................................... 121
Polígonos... 122
Círculos... 123
Trapezoides... 124
Cubos 125
Prismas Rectangulares 126
Cilindro 127
Capítulo 11: Respuestas 128

Capítulo: Estadística · 132

12

Media, Medianaa, Moda y Rango de los Datos Dados 134
Gráfico Circular.. 135
Problemas de Probabilidad.. 136
Permutaciones y Combinaciones.. 137
Capítulo 12: Respuestas 138

Capítulo: Operaciones de Funciones · 140

13

Notación y Evaluación de Funciones 141
Suma y Resta de Funciones... 142
Multiplicación y División de Funciones 143
Composición de Funciones 144
Capítulo 13: Respuestas 145

Pruebas de Matemática GED --148
Prueba de Práctica de Razonamiento Matemático GED 1 Respuestas y Explicaciones182

CAPÍTULO

1 Fracciones y Números Mixtos

Temas matemáticos que aprenderás en este capítulo:

- ☑ Simplificación de Fracciones
- ☑ Suma y Resta de Fracciones
- ☑ Multiplicación y División de Fracciones
- ☑ Suma de Números Mixtos
- ☑ Resta de Números Mixtos
- ☑ Multiplicación de Números Mixtos
- ☑ División de Números Mixtos

1

Simplificación de Fracciones

- Una fracción contiene dos números separados por una barra entre ellos. El número de abajo, llamado denominador, es el número total de partes igualmente divididas en un todo. El número de arriba, llamado numerador, es cuántas porciones tiene. Y la barra representa la operación de la división.

- La simplificación de una fracción significa reducirlo a los términos más bajos. Para simplificar una fracción, divida uniformemente tanto la parte superior como la inferior de la fracción por 2, 3, 5, 7, etc.

- Continúa hasta que no puedas ir mas lejos.

Ejemplos:

Ejemplo 1. Simplifica $\frac{18}{30}$

Solución: Simplifica $\frac{18}{30}$, Encuentra un número por el que tanto 18 como 30 sean divisibles. Ambos son divisibles por 6. Entonces: $\frac{18}{30} = \frac{18 \div 6}{30 \div 6} = \frac{3}{5}$

Ejemplo 2. Simplifica $\frac{32}{80}$

Solución: Simplifica $\frac{32}{80}$, Encuentra un número por el que tanto 32 como 80 sean divisibles. Ambos son divisibles por 8 y 16. Entonces: $\frac{32}{80} = \frac{32 \div 8}{80 \div 8} = \frac{4}{10}$, 4 y 10 son divisibles por 2, entonces: $\frac{4}{10} = \frac{2}{5}$ o $\frac{32}{80} = \frac{32 \div 16}{80 \div 16} = \frac{2}{5}$

Práctica:

✎ *Simplifica cada fracción.*

1) $\frac{4}{14} =$

2) $\frac{9}{24} =$

3) $\frac{6}{10} =$

4) $\frac{7}{28} =$

5) $\frac{25}{200} =$

6) $\frac{3}{9} =$

Suma y Resta de Fracciones

- Para fracciones "similares (fracciones con el mismo denominador), sume o reste los numeradores (números de arriba) y escriba la respuesta sobre el denominador común (números de abajo).
- Suma y resta de fracciones con el mismo denominador:

$$\frac{a}{b} + \frac{c}{b} = \frac{a+c}{b} \qquad \frac{a}{b} - \frac{c}{b} = \frac{a-c}{b}$$

- Encuentra fracciones equivalentes con el mismo denominador antes de poder sumar o restar fracciones con diferentes denominadores.
- Suma y resta de fracciones con distinto denominador:

$$\frac{a}{b} + \frac{c}{d} = \frac{ad+bc}{bd} \qquad \frac{a}{b} - \frac{c}{d} = \frac{ad-bc}{bd}$$

Ejemplos:

Ejemplo 1. Encuentra la suma. $\frac{2}{3} + \frac{1}{2} =$

Solución: Estas dos fracciones son fracciones "diferentes". (tienen distintos denominadores). Usa esta fórmula: $\frac{a}{b} + \frac{c}{d} = \frac{ad+cb}{bd}$. Entonces: $\frac{2}{3} + \frac{1}{2} = \frac{(2)(2)+(3)(1)}{3\times2} = \frac{4+3}{6} = \frac{7}{6}$

Ejemplo 2. Encuentra la diferencia. $\frac{3}{5} - \frac{2}{7} =$

Solución: Para fracciones "diferentes", encuentre fracciones equivalentes con el mismo denominador antes de poder sumar o restar fracciones con diferentes denominadores. Usa esta fórmula: $\frac{a}{b} - \frac{c}{d} = \frac{ad-bc}{bd}$

$\frac{3}{5} - \frac{2}{7} = \frac{(3)(7)-(2)(5)}{5\times7} = \frac{21-10}{35} = \frac{11}{35}$

Práctica:

✍ *Encuentra la suma o diferencia.*

1) $\frac{2}{3} + \frac{3}{4} =$

2) $\frac{1}{2} - \frac{1}{5} =$

3) $\frac{2}{7} + \frac{1}{2} =$

4) $\frac{1}{3} - \frac{2}{7} =$

5) $\frac{1}{2} - \frac{1}{4} =$

6) $\frac{3}{5} + \frac{3}{3} =$

Multiplicación y División de Fracciones

- **Multiplicación de fracciones:** multiplica los números de arriba y multiplica los números de abajo. Simplifica si es necesario. $\frac{a}{b} \times \frac{c}{d} = \frac{a \times c}{b \times d}$

- **Dividir fracciones:** Mantener, Cambiar, Voltear

- Mantén la primera fracción, cambia el signo de división a multiplicación y voltea el numerador y el denominador de la segunda fracción. Luego, resuelve!

$$\frac{a}{b} \div \frac{c}{d} = \frac{a}{b} \times \frac{d}{c} = \frac{a \times d}{b \times c}$$

Ejemplos:

Ejemplo 1. Multiplica. $\frac{2}{3} \times \frac{3}{5} =$

Solución: Multiplica los números de arriba y multiplica los números de abajo.
$\frac{2}{3} \times \frac{3}{5} = \frac{2 \times 3}{3 \times 5} = \frac{6}{15}$, ahora, simplifica: $\frac{6}{15} = \frac{6 \div 3}{15 \div 3} = \frac{2}{5}$

Ejemplo 2. Resuelve. $\frac{3}{4} \div \frac{2}{5} =$

Solución: Conserva la primera fracción, cambia el signo de división a multiplicación y cambia el numerador y el denominador de la segunda fracción.
Entonces: $\frac{3}{4} \div \frac{2}{5} = \frac{3}{4} \times \frac{5}{2} = \frac{3 \times 5}{4 \times 2} = \frac{15}{8}$

Práctica:

🖎 *Encuentra las respuestas.*

1) $\frac{3}{10} \times \frac{1}{2} =$ 3) $\frac{3}{4} \times \frac{1}{7} =$ 5) $\frac{2}{3} \times \frac{3}{4} =$

2) $\frac{1}{5} \div \frac{5}{6} =$ 4) $\frac{1}{6} \div \frac{2}{5} =$ 6) $\frac{3}{7} \div \frac{3}{4} =$

bit.ly/3haSiQW
Find more at
www.EffortlessMath.com

Suma de Números Mixtos

Use los siguientes pasos para sumar números mixtos:

- Sumar números enteros de los números mixtos.
- Sumar las fracciones de los números mixtos.
- Encuentre el Mínimo Común Denominador (MCD) si es necesario.
- Sumar números enteros y fracciones.
- Escribe tu respuesta en los términos más bajos.

Ejemplos:

Ejemplo 1. Suma de números mixtos. $2\frac{1}{2} + 1\frac{2}{3} =$

Solución: Reescribamos nuestra ecuación con partes separadas, $2\frac{1}{2} + 1\frac{2}{3} = 2 + \frac{1}{2} + 1 + \frac{2}{3}$.

Ahora, suma partes de números enteros: $2 + 1 = 3$

Suma las partes fraccionarias $\frac{1}{2} + \frac{2}{3}$. Reescribe para reResuelver con las fracciones equivalentes. $\frac{1}{2} + \frac{2}{3} = \frac{3}{6} + \frac{4}{6} = \frac{7}{6}$. La respuesta es una fracción impropia (el numerador es mayor que el denominador). Convertir la fracción impropia en un número mixto: $\frac{7}{6} = 1\frac{1}{6}$. Combine las partes enteras y fraccionarias.: $3 + 1\frac{1}{6} = 4\frac{1}{6}$

Ejemplo 2. Encuentra la suma. $1\frac{3}{4} + 2\frac{1}{2} =$

Solución: Reescribiendo nuestra ecuación con partes separadas, $1 + \frac{3}{4} + 2 + \frac{1}{2}$. Suma las partes de números enteros:

$1 + 2 = 3$. Suma las partes fraccionarias: $\frac{3}{4} + \frac{1}{2} = \frac{3}{4} + \frac{2}{4} = \frac{5}{4}$

Convertir la fracción impropia en un número mixto: $\frac{5}{4} = 1\frac{1}{4}$.

Ahora, combine las partes enteras y fraccionarias: $3 + 1\frac{1}{4} = 4\frac{1}{4}$

Práctica:

✍ *Encuentra la suma.*

1) $5\frac{2}{3} + 2\frac{1}{2} =$

2) $3\frac{1}{2} + 4\frac{1}{2} =$

3) $2\frac{3}{8} + 2\frac{1}{8} =$

4) $4\frac{1}{7} + 6\frac{1}{14} =$

5) $7\frac{1}{5} + 1\frac{4}{15} =$

6) $3\frac{1}{3} + 3\frac{3}{4} =$

Resta de Números Mixtos

Usa estos pasos para restar números mixtos.

- Convertir números mixtos en fracciones impropias. $a\frac{c}{b} = \frac{ab+c}{b}$

- Encuentra fracciones equivalentes con el mismo denominador para fracciones diferentes. (fracciones con diferentes denominadores)

- Resta la segunda fracción de la primera. $\frac{a}{b} - \frac{c}{d} = \frac{ad-bc}{bd}$

- Escribe tu respuesta en los términos más bajos.

- Si la respuesta es una fracción impropia, conviértela en un número mixto.

Ejemplos:

Ejemplo 1. Resta. $2\frac{1}{3} - 1\frac{1}{2} =$

Solución: Convertir números mixtos en fracciones: $2\frac{1}{3} = \frac{2\times3+1}{3} = \frac{7}{3}$ y $1\frac{1}{2} = \frac{1\times2+1}{2} = \frac{3}{2}$

Estas dos fracciones son fracciones "diferentes". (tienen distintos denominadores).

Encuentra fracciones equivalentes con el mismo denominador. Usa esta fórmula: $\frac{a}{b} -$

$\frac{c}{d} = \frac{ad-bc}{bd}$

$\frac{7}{3} - \frac{3}{2} = \frac{(7)(2)-(3)(3)}{3\times2} = \frac{14-9}{6} = \frac{5}{6}$

Ejemplo 2. Encuentra la diferencia. $3\frac{4}{7} - 2\frac{3}{4} =$

Solución: Convertir números mixtos en fracciones: $3\frac{4}{7} = \frac{3\times7+4}{7} = \frac{25}{7}$ y $2\frac{3}{4} = \frac{2\times4+3}{4} = \frac{11}{4}$.

Entonces: $3\frac{4}{7} - 2\frac{3}{4} = \frac{25}{7} - \frac{11}{4} = \frac{(25)(4)-(11)(7)}{7\times4} = \frac{23}{28}$

Práctica:

✎ *Encuentra la diferencia.*

1) $2\frac{2}{3} - 1\frac{1}{3} =$

3) $2\frac{3}{8} - 2\frac{1}{4} =$

5) $5\frac{1}{2} - 2\frac{3}{10} =$

2) $6\frac{1}{2} - 3\frac{1}{2} =$

4) $5\frac{1}{3} - 3\frac{5}{6} =$

6) $10\frac{2}{3} - 4\frac{1}{4} =$

Multiplicación de Números Mixtos

Usa los siguientes pasos para multiplicar números mixtos:

- Convierte los números mixtos en fracciones. $a\frac{c}{b} = a + \frac{c}{b} = \frac{ab+c}{b}$

- Multiplicar fracciones. $\frac{a}{b} \times \frac{c}{d} = \frac{a \times c}{b \times d}$

- Escribe tu respuesta en los términos más bajos.

- Si la respuesta es una fracción impropia (el numerador es mayor que el denominador), conviértala en un número mixto.

Ejemplos:

Ejemplo 1. Multiplica. $4\frac{1}{2} \times 2\frac{2}{5} =$

Solución: Convertir números mixtos en fracciones, $4\frac{1}{2} = \frac{4 \times 2 + 1}{2} = \frac{9}{2}$ y $2\frac{2}{5} = \frac{2 \times 5 + 2}{5} = \frac{12}{5}$.
Aplicar la regla de las fracciones para la multiplicación: $\frac{9}{2} \times \frac{12}{5} = \frac{9 \times 12}{2 \times 5} = \frac{108}{10} = \frac{54}{5}$
La respuesta es una fracción impropia. Conviértelo en un número mixto. $\frac{54}{5} = 10\frac{4}{5}$

Ejemplo 2. Multiplica. $3\frac{2}{3} \times 2\frac{5}{6} =$

Solución: Convertir números mixtos en fracciones, $3\frac{2}{3} \times 2\frac{5}{6} = \frac{11}{3} \times \frac{17}{6}$
Aplicar la regla de las fracciones para la multiplicación: $\frac{11}{3} \times \frac{17}{6} = \frac{11 \times 17}{3 \times 6} = \frac{187}{18} = 10\frac{7}{18}$

Práctica:

✍ *Encuentre el producto.*

1) $3\frac{2}{3} \times 2\frac{2}{5} =$

2) $5\frac{1}{2} \times 3\frac{1}{3} =$

3) $4\frac{1}{4} \times 1\frac{3}{5} =$

4) $10\frac{1}{8} \times 2\frac{2}{9} =$

5) $7\frac{1}{5} \times 2\frac{3}{4} =$

6) $7\frac{1}{3} \times 1\frac{1}{11} =$

División de Números Mixtos

Usa los siguientes pasos para dividir números mixtos:

- Convierte los números mixtos en fracciones. $a\frac{c}{b} = a + \frac{c}{b} = \frac{ab+c}{b}$

- Dividir fracciones: mantén, cambia, voltea: mantén la primera fracción, cambia el signo de división a multiplicación y voltea el numerador y el denominador de la segunda fracción. Ahora, ¡resuelve! $\frac{a}{b} \div \frac{c}{d} = \frac{a}{b} \times \frac{d}{c} = \frac{a \times d}{b \times c}$

- Escribe tu respuesta en los términos más bajos.

- Si la respuesta es una fracción impropia (el numerador es mayor que el denominador), conviértala en un número mixto.

Ejemplos:

Ejemplo 1. Resuelve. $2\frac{1}{3} \div 1\frac{1}{2}$

Solución: Convierte números mixtos en fracciones: $2\frac{1}{3} = \frac{2 \times 3 + 1}{3} = \frac{7}{3}$ y $1\frac{1}{2} = \frac{1 \times 2 + 1}{2} = \frac{3}{2}$
Mantén, cambia, voltea: $\frac{7}{3} \div \frac{3}{2} = \frac{7}{3} \times \frac{2}{3} = \frac{7 \times 2}{3 \times 3} = \frac{14}{9}$. La respuesta es una fracción impropia. Conviértelo en un número mixto: $\frac{14}{9} = 1\frac{5}{9}$

Ejemplo 2. Resuelve. $3\frac{3}{4} \div 2\frac{2}{5}$

Solución: Convierte números mixtos a fracciones, luego resuelve:
$3\frac{3}{4} \div 2\frac{2}{5} = \frac{15}{4} \div \frac{12}{5} = \frac{15}{4} \times \frac{5}{12} = \frac{75}{48} = 1\frac{9}{16}$

Práctica:

✎ *Encuentra el cociente.*

1) $2\frac{2}{3} \div 3\frac{2}{3} =$

2) $10\frac{1}{4} \div 1\frac{1}{2} =$

3) $1\frac{3}{7} \div 2\frac{2}{7} =$

4) $4\frac{1}{6} \div 3\frac{1}{3} =$

5) $5\frac{1}{5} \div 2\frac{1}{10} =$

6) $1\frac{3}{8} \div 2\frac{3}{4} =$

Capítulo 1: Respuestas

Simplificando Fracciones

1) $\frac{2}{7}$ (Simplifica $\frac{4}{14}$, busca un número por el que tanto 4 y 14 sean divisibles. Ambos son divisibles por 2. Entonces: $\frac{4}{14} = \frac{4 \div 2}{14 \div 2} = \frac{2}{7}$)

2) $\frac{3}{8}$ (Simplifica $\frac{9}{24}$, busca un número por el que tanto 9 y 24 sean divisibles. Ambos son divisibles por 3. Entonces: $\frac{9}{24} = \frac{9 \div 3}{24 \div 3} = \frac{3}{8}$)

3) $\frac{3}{5}$ (Simplifica $\frac{6}{10}$, busca un número por el que tanto 6 y 10 sean divisibles. Ambos son divisibles por 2. Entonces: $\frac{6}{10} = \frac{6 \div 2}{10 \div 2} = \frac{3}{5}$)

4) $\frac{1}{4}$ (Simplifica $\frac{7}{28}$, busca un número por el que tanto 7 y 28 sean divisibles. Ambos son divisibles por 7. Entonces: $\frac{7}{28} = \frac{7 \div 7}{28 \div 7} = \frac{1}{4}$)

5) $\frac{1}{8}$ (Simplifica $\frac{25}{200}$, busca un número por el que tanto 25 y 200 sean divisibles. Ambos son divisibles por 25. Entonces: $\frac{25}{200} = \frac{25 \div 25}{200 \div 25} = \frac{1}{8}$)

6) $\frac{1}{3}$ (Simplifica $\frac{3}{9}$, busca un número por el que tanto 3 y 9 sean divisibles. Ambos son divisibles por 3. Entonces: $\frac{3}{9} = \frac{3 \div 3}{9 \div 3} = \frac{1}{3}$)

Suma y Resta de Fracciones

1) $\frac{17}{12}$ (Estas dos fracciones son fracciones "diferentes". (Tienen distintos denominadores). Usa esta fórmula: $\frac{a}{b} + \frac{c}{d} = \frac{ad + cb}{bd}$. Entonces: $\frac{2}{3} + \frac{3}{4} = \frac{(2)(4) + (3)(3)}{3 \times 4} = \frac{8 + 9}{12} = \frac{17}{12}$)

2) $\frac{3}{10}$ (Para fracciones "diferentes", encuentre fracciones equivalentes con el mismo denominador antes de poder sumar o restar fracciones con diferentes denominadores. Usa esta fórmula: $\frac{a}{b} - \frac{c}{d} = \frac{ad - bc}{bd} = \frac{1}{2} - \frac{1}{5} = \frac{(1)(5) - (1)(2)}{2 \times 5} = \frac{5 - 2}{10} = \frac{3}{10}$)

3) $\frac{11}{14}$ (Estas dos fracciones son fracciones "diferentes". (Tienen distintos denominadores). Usa esta fórmula: $\frac{a}{b}+\frac{c}{d}=\frac{ad+cb}{bd}$. Entonces: $\frac{2}{7}+\frac{1}{2}=\frac{(2)(2)+(1)(7)}{2\times7}=\frac{4+7}{14}=\frac{11}{14}$)

4) $\frac{1}{21}$ (Para fracciones "diferentes", encuentre fracciones equivalentes con el mismo denominador antes de poder sumar o restar fracciones con diferentes denominadores. Usa esta fórmula: $\frac{a}{b}-\frac{c}{d}=\frac{ad-bc}{bd}=\frac{1}{3}-\frac{2}{7}=\frac{(1)(7)-(2)(3)}{3\times7}=\frac{7-6}{21}=\frac{1}{21}$)

5) $\frac{1}{4}$ (Para fracciones "diferentes", encuentre fracciones equivalentes con el mismo denominador antes de poder sumar o restar fracciones con diferentes denominadores. Usa esta fórmula: $\frac{a}{b}-\frac{c}{d}=\frac{ad-cb}{bd}=\frac{1}{2}-\frac{1}{4}=\frac{(1)(2)-(1)}{4}=\frac{2-1}{4}=\frac{1}{4}$)

6) $\frac{24}{15}$ (Estas dos fracciones son fracciones "diferentes". (Tienen distintos denominadores). Usa esta fórmula: $\frac{a}{b}+\frac{c}{d}=\frac{ad+cb}{bd}$. Entonces: $\frac{3}{5}+\frac{3}{3}=\frac{(3)(3)+(3)(5)}{5\times3}=\frac{9+15}{15}=\frac{24}{15}$)

Multiplicación y División de Fracciones

1) $\frac{3}{20}$ (Multiplica los números de arriba y multiplica los números de abajo.

$\frac{3}{10}\times\frac{1}{2}=\frac{3\times1}{10\times2}=\frac{3}{20}$)

2) $\frac{6}{25}$ (Mantenga la primera fracción, cambie el signo de división a multiplicación y cambie el numerador y el denominador de la segunda fracción. Entonces: $\frac{1}{5}\div\frac{5}{6}=\frac{1}{5}\times\frac{6}{5}=\frac{1\times6}{5\times5}=\frac{6}{25}$)

3) $\frac{3}{28}$ (Multiplica los números de arriba y multiplica los números de abajo.

$\frac{3}{4}\times\frac{1}{7}=\frac{3\times1}{4\times7}=\frac{3}{28}$)

4) $\frac{5}{12}$ (Mantenga la primera fracción, cambie el signo de división a multiplicación y cambie el numerador y el denominador de la segunda fracción. Entonces: $\frac{1}{6} \div \frac{2}{5} = \frac{1}{6} \times \frac{5}{2} = \frac{1 \times 5}{6 \times 2} = \frac{5}{12}$)

5) $\frac{1}{2}$ (Multiplica los números de arriba y multiplica los números de abajo.

$\frac{2}{3} \times \frac{3}{4} = \frac{2 \times 3}{3 \times 4} = \frac{6}{12}$, ahora, simplifica: $\frac{6}{12} = \frac{6 \div 6}{12 \div 6} = \frac{1}{2}$)

6) $\frac{4}{7}$ (Mantenga la primera fracción, cambie el signo de división a multiplicación y cambie el numerador y el denominador de la segunda fracción. Entonces: $\frac{3}{7} \div \frac{3}{4} = \frac{3}{7} \times \frac{4}{3} = \frac{3 \times 4}{7 \times 3} = \frac{12}{21}$, simplifica: $\frac{12}{21} = \frac{12 \div 3}{21 \div 3} = \frac{4}{7}$)

Suma de Números Mixtos

1) $8\frac{1}{6}$ (Reescribiendo nuestra ecuación con partes separadas, $5 + \frac{2}{3} + 2 + \frac{1}{2}$. Suma las partes de números enteros: $5 + 2 = 7$. Suma las partes fraccionarias: $\frac{2}{3} + \frac{1}{2} = \frac{4}{6} + \frac{3}{6} = \frac{7}{6}$. Convertir la fracción impropia en un número mixto: $\frac{7}{6} = 1\frac{1}{6}$. Ahora, combina las partes enteras y fraccionarias: $7 + 1\frac{1}{6} = 8\frac{1}{6}$)

2) 8 (Reescribiendo nuestra ecuación con partes separadas, $3 + \frac{1}{2} + 4 + \frac{1}{2}$. Suma las partes de números enteros: $3 + 4 = 7$. Suma las partes fraccionarias: $\frac{1}{2} + \frac{1}{2} = \frac{1+1}{2} = \frac{2}{2} = 1$. Ahora, combina las partes enteras y fraccionarias: $7 + 1 = 8$)

3) $4\frac{1}{2}$ (Reescribiendo nuestra ecuación con partes separadas, $2 + \frac{3}{8} + 2 + \frac{1}{8}$. Suma las partes de números enteros: $2 + 2 = 4$. Suma las partes fraccionarias: $\frac{3}{8} + \frac{1}{8} = \frac{3}{8} + \frac{1}{8} = \frac{4}{8}$. simplifica la fracción: $\frac{4 \div 4}{8 \div 4} = \frac{1}{2}$. Ahora, combina las partes enteras y fraccionarias:

$4 + \frac{1}{2} = 4\frac{1}{2}$)

4) $10\frac{3}{14}$ (Reescribiendo nuestra ecuación con partes separadas, $4+\frac{1}{7}+6+\frac{1}{14}$. Suma las partes de números enteros: $4+6=10$. Suma las partes fraccionarias: $\frac{1}{7}+\frac{1}{14}=\frac{2}{14}+\frac{1}{14}=\frac{3}{14}$. Ahora, combina las partes enteras y fraccionarias: $10+\frac{3}{14}=10\frac{3}{14}$)

5) $8\frac{7}{15}$ (Reescribiendo nuestra ecuación con partes separadas, $7+\frac{1}{5}+1+\frac{4}{15}$. Suma las partes de números enteros: $7+1=8$. Suma las partes fraccionarias: $\frac{1}{5}+\frac{4}{15}=\frac{3}{15}+\frac{4}{15}=\frac{7}{15}$. Ahora, combina las partes enteras y fraccionarias: $8+\frac{7}{15}=8\frac{7}{15}$)

6) $7\frac{1}{12}$ (Reescribiendo nuestra ecuación con partes separadas, $3+\frac{1}{3}+3+\frac{3}{4}$. Suma las partes de números enteros: $3+3=6$. Suma las partes fraccionarias: $\frac{1}{3}+\frac{3}{4}=\frac{4}{12}+\frac{9}{12}=\frac{13}{12}$. Convertir la fracción impropia en un número mixto: $\frac{13}{12}=1\frac{1}{12}$. Ahora, combina las partes enteras y fraccionarias: $6+1\frac{1}{12}=7\frac{1}{12}$)

Resta de Números Mixtos

1) $\frac{4}{3}$ (Convierte números mixtos en fracciones: $2\frac{2}{3}=\frac{2\times3+2}{3}=\frac{8}{3}$ y $1\frac{1}{3}=\frac{1\times3+1}{3}=\frac{4}{3}$, Luego resta las dos fracciones: $\frac{8}{3}-\frac{4}{3}=\frac{8-4}{3}=\frac{4}{3}$)

2) 3 (Convierte números mixtos en fracciones: $6\frac{1}{2}=\frac{6\times2+1}{2}=\frac{13}{2}$ y $3\frac{1}{2}=\frac{3\times2+1}{2}=\frac{7}{2}$, Luego resta las dos fracciones: $\frac{13}{2}-\frac{7}{2}=\frac{13-7}{2}=\frac{6}{2}=3$)

3) $\frac{1}{8}$ (Convierte números mixtos en fracciones: $2\frac{3}{8}=\frac{2\times8+3}{8}=\frac{19}{8}$ y $2\frac{1}{4}=\frac{2\times4+1}{4}=\frac{9}{4}$. Estas dos fracciones son fracciones "diferentes". (Tienen distintos denominadores). Encuentra fracciones equivalentes con el mismo denominador. Usa esta fórmula: $\frac{a}{b}-\frac{c}{d}=\frac{ad-cb}{bd}=\frac{19}{8}-\frac{9}{4}=\frac{19-(9)(2)}{8}=\frac{19-18}{8}=\frac{1}{8}$)

4) $1\frac{1}{2}$ (Convierte números mixtos en fracciones: $5\frac{1}{3} = \frac{5\times3+1}{3} = \frac{16}{3}$ y $3\frac{5}{6} = \frac{3\times6+5}{6} = \frac{23}{6}$. Estas dos fracciones son fracciones "diferentes". (Tienen distintos denominadores). Encuentra fracciones equivalentes con el mismo denominador. Usa esta fórmula: $\frac{a}{b} - \frac{c}{d} = \frac{ad-cb}{bd} = \frac{16}{3} - \frac{23}{6} = \frac{(16)(2)-23}{6} = \frac{32-23}{6} = \frac{9}{6}$. Simplifica la fracción: $\frac{9\div3}{6\div3} = \frac{3}{2}$. Convierte la fracción impropia en un número mixto: $\frac{3}{2} = 1\frac{1}{2}$.)

5) $3\frac{1}{5}$ (Convierte números mixtos en fracciones: $5\frac{1}{2} = \frac{5\times2+1}{2} = \frac{11}{2}$ y $2\frac{3}{10} = \frac{2\times10+3}{10} = \frac{23}{10}$. Estas dos fracciones son fracciones "diferentes". Encuentra fracciones equivalentes con el mismo denominador: $\frac{11}{2} - \frac{23}{10} = \frac{(11)(5)-23}{10} = \frac{55-23}{10} = \frac{32}{10}$. Simplifica la fracción: $\frac{32\div2}{10\div2} = \frac{16}{5}$. Convierte la fracción impropia en un número mixto: $\frac{16}{5} = 3\frac{1}{5}$)

6) $6\frac{5}{12}$ (Convierte números mixtos en fracciones: $10\frac{2}{3} = \frac{10\times3+2}{3} = \frac{32}{3}$ y $4\frac{1}{4} = \frac{4\times4+1}{4} = \frac{17}{4}$. Entonces: $\frac{32}{3} - \frac{17}{4} = \frac{(32)(4)-(17)(3)}{3\times4} = \frac{128-51}{12} = \frac{77}{12} = 6\frac{5}{12}$)

Multiplicación de Números Mixtos

1) $8\frac{4}{5}$ (Convierte números mixtos en fracciones, $3\frac{2}{3} = \frac{3\times3+2}{3} = \frac{11}{3}$ y $2\frac{2}{5} = \frac{2\times5+2}{5} = \frac{12}{5}$. Aplica la regla de las fracciones para la multiplicación: $\frac{11}{3} \times \frac{12}{5} = \frac{11\times12}{3\times5} = \frac{132}{15} = \frac{44}{5}$. La respuesta es una fracción impropia. Conviértelo en un número mixto. $\frac{44}{5} = 8\frac{4}{5}$)

2) $18\frac{1}{3}$ (Convierte números mixtos en fracciones, $5\frac{1}{2} \times 3\frac{1}{3} = \frac{11}{2} \times \frac{10}{3}$. Aplica la regla de las fracciones para la multiplicación: $\frac{11}{2} \times \frac{10}{3} = \frac{11\times10}{2\times3} = \frac{110}{6} = \frac{55}{3} = 18\frac{1}{3}$)

3) $6\frac{4}{5}$ (Convierte números mixtos en fracciones, $4\frac{1}{4} \times 1\frac{3}{5} = \frac{17}{4} \times \frac{8}{5}$. Aplica la regla de las fracciones para la multiplicación: $\frac{17}{4} \times \frac{8}{5} = \frac{17\times8}{4\times5} = \frac{136}{20} = \frac{34}{5} = 6\frac{4}{5}$)

4) $22\frac{1}{2}$ (Convierte números mixtos en fracciones, $10\frac{1}{8} \times 2\frac{2}{9} = \frac{81}{8} \times \frac{20}{9}$. Aplica la regla de las fracciones para la multiplicación: $\frac{81}{8} \times \frac{20}{9} = \frac{81\times20}{8\times9} = \frac{1,620}{72} = \frac{45}{2} = 22\frac{1}{2}$)

5) $19\frac{4}{5}$ (Convierte números mixtos en fracciones, $7\frac{1}{5} \times 2\frac{3}{4} = \frac{36}{5} \times \frac{11}{4}$. Aplica la regla de las fracciones para la multiplicación: $\frac{36}{5} \times \frac{11}{4} = \frac{36\times11}{5\times4} = \frac{396}{20} = \frac{99}{5} = 19\frac{4}{5}$)

6) 8 (Convierte números mixtos en fracciones, $7\frac{1}{3} \times 1\frac{1}{11} = \frac{22}{3} \times \frac{12}{11}$. Aplica la regla de las fracciones para la multiplicación: $\frac{22}{3} \times \frac{12}{11} = \frac{22\times12}{3\times11} = \frac{264}{33} = 8$)

División de Números Mixtos

1) $\frac{8}{11}$ (Convierte números mixtos en fracciones: $2\frac{2}{3} = \frac{2\times3+2}{3} = \frac{8}{3}$ y $3\frac{2}{3} = \frac{3\times3+2}{3} = \frac{11}{3}$. Mantén, cambia, voltea: $\frac{8}{3} \div \frac{11}{3} = \frac{8}{3} \times \frac{3}{11} = \frac{8\times3}{3\times11} = \frac{24\div3}{33\div3} = \frac{8}{11}$)

2) $6\frac{5}{6}$ (Convierte números mixtos en fracciones, resuelve: $10\frac{1}{4} \div 1\frac{1}{2} = \frac{41}{4} \div \frac{3}{2} = \frac{41}{4} \times \frac{2}{3} = \frac{82}{12} = \frac{41}{6} = 6\frac{5}{6}$)

3) $\frac{5}{8}$ (Convierte números mixtos en fracciones, resuelve: $1\frac{3}{7} \div 2\frac{2}{7} = \frac{10}{7} \div \frac{16}{7} = \frac{10}{7} \times \frac{7}{16} = \frac{70}{112} = \frac{5}{8}$)

4) $1\frac{1}{4}$ (Convierte números mixtos en fracciones, resuelve: $4\frac{1}{6} \div 3\frac{1}{3} = \frac{25}{6} \div \frac{10}{3} = \frac{25}{6} \times \frac{3}{10} = \frac{75}{60} = \frac{5}{4} = 1\frac{1}{4}$)

5) $2\frac{10}{21}$ (Convierte números mixtos en fracciones, resuelve: $5\frac{1}{5} \div 2\frac{1}{10} = \frac{26}{5} \div \frac{21}{10} = \frac{26}{5} \times \frac{10}{21} = \frac{260}{105} = \frac{52}{21} = 2\frac{10}{21}$)

6) $\frac{1}{2}$ (Convierte números mixtos en fracciones, resuelve: $1\frac{3}{8} \div 2\frac{3}{4} = \frac{11}{8} \div \frac{11}{4} = \frac{11}{8} \times \frac{4}{11} = \frac{1}{2}$)

CAPÍTULO

2 Decimales

Temas matemáticos que aprenderás en este capítulo:

- ☑ Comparación de Decimales
- ☑ Redondeo de Decimales
- ☑ Suma y Resta de Decimales
- ☑ Multiplicación y División de Decimales

15

Comparación de Decimales

- Un decimal es una fracción escrita en una forma especial. Por ejemplo, en lugar de escribir $\frac{1}{2}$, puedes escribir: 0.5

- Un número decimal contiene un punto decimal. Separa la parte entera de la parte fraccionaria de un número decimal.

- Repasemos los valores posicionales decimales: Ejemplo: 45.3861

    4: decenas   5: unidades   3: décimas

    8: centésimas   6: milésimas   1: decenas de milésimas

- Para comparar dos decimales, compare cada dígito de dos decimales en el mismo valor posicional. Comience desde la izquierda. Compara centenas, decenas, unidades, décimas, centésimas, etc.

- Para comparar números, use estos símbolos:

    Igual a =   Menor que <   Mayor que >

    Mayor o igual ≥   Menor o igual ≤

Ejemplos:

Ejemplo 1. Compara 0.03 y 0.30.

Solución: 0.30 es mayor que 0.03, porque el décimo lugar de 0.30 es 3, pero el décimo lugar de 0.03 es cero. Entonces: 0.03 < 0.30

Ejemplo 2. Compara 0.0917 y 0.217.

Solución: 0.217 es mayor que 0.0917, porque el décimo lugar de 0.217 es 2, pero el décimo lugar de 0.0917 es cero. Entonces: 0.0917 < 0.217

Práctica:

✍ **Escribe el símbolo de comparación correcto (>, < or =).**

1) 0.90 ☐ 0.090   4) 7.09 ☐ 7.090   7) 4.04 ☐ 4.4

2) 0.067 ☐ 0.67   5) 0.431 ☐ 0.352   8) 2.04 ☐ 2.3

3) 5.40 ☐ 5.5   6) 8.08 ☐ 0.88

Redondeo de Decimales

- Podemos redondear decimales con cierta precisión o número de decimales. Esto se usa para hacer que los cálculos sean más fáciles de hacer y que los resultados sean más fáciles de entender cuando los valores exactos no son demasiado importantes.
- Primero, deberá recordar sus valores posicionales: Por ejemplo: 12.4869

1: decenas	2: unidades	4: décimas
8: centésimas	6: milésimas	9: decenas milésimas

- Para redondear un decimal, primero encuentra el valor posicional al que redondearás.
- Encuentra el dígito a la derecha del valor posicional al que estás redondeando. Si es 5 o más, suma 1 al valor posicional al que estás redondeando y quita todos los dígitos de su lado derecho. Si el dígito a la derecha del valor posicional es menor que 5, mantenga el valor posicional y elimine todos los dígitos a la derecha.

Ejemplos:

Ejemplo 1. Redondea 4.3679 al valor posicional de las milésimas.

Solución: Primero, mira el siguiente valor posicional a la derecha (decenas de milésimas). Es 9 y es mayor que 5. Entonces suma 1 al dígito en el lugar de las milésimas. El milésimo lugar es 7. $\rightarrow 7 + 1 = 8$, entonces, la respuesta es 4.368

Ejemplo 2. Redondea 1.5237 a la centésima más cercana.

Solución: Primero, mira el dígito a la derecha de la centésima (valor posicional de las milésimas). Es 3 y es menor que 5, por lo tanto, elimine todos los dígitos a la derecha del lugar centésimo. Entonces, la respuesta es 1.52

Práctica:

✍ *Redondea cada decimal al número entero más cercano.*

1) 25.93   3) 6.77   5) 27.95
2) 16.3   4) 2.5   6) 16.44

✍ *Redondea cada decimal a la décima más cercana.*

7) 26.826   9) 17.779   11) 21.259
8) 33.729   10) 53.66   12) 88.416

Suma y Resta de Decimales

- Alinea los números decimales.
- Agregue ceros para tener el mismo número de dígitos para ambos números si es necesario.
- Recuerda tus valores posicionales: Por ejemplo: 73.5196

7: decenas	3: unidades	5: décimas
1: centésimas	9: milésimas	6: decenas milésimas

- Suma o resta usando la suma o resta de columnas.

Ejemplos:

Solución: Primero, alinea los números: $\begin{smallmatrix}1.7\\+4.12\end{smallmatrix}$ → Añade un cero para tener la misma cantidad de dígitos para ambos números. $\begin{smallmatrix}1.70\\+4.12\end{smallmatrix}$ → Empezar con las centésimas: $0 + 2 = 2$, $\begin{smallmatrix}1.70\\+4.12\\\hline 2\end{smallmatrix}$ → Continuar con las décimas: $7 + 1 = 8$, $\begin{smallmatrix}1.70\\+4.12\\\hline .82\end{smallmatrix}$ → Añadir el lugar de las unidades: $4 + 1 = 5$, $\begin{smallmatrix}1.70\\+4.12\\\hline 5.82\end{smallmatrix}$ → La respuesta es 5.82.

Ejemplo 2. Encuentra la diferencia. $5.58 - 4.23$

Solución: Primero, alinea los números: $\begin{smallmatrix}5.58\\-4.23\end{smallmatrix}$ → Empezar con las centésimas: $8 - 3 = 5$, $\begin{smallmatrix}5.58\\-4.23\\\hline 5\end{smallmatrix}$ → Continuar con las décimas. $5 - 2 = 3$, $\begin{smallmatrix}5.58\\-4.23\\\hline .35\end{smallmatrix}$ → Resta el lugar de las unidades. $5 - 4 = 1$, $\begin{smallmatrix}5.58\\-4.23\\\hline 1.35\end{smallmatrix}$

Práctica:

🖎 *Encuentra la suma o diferencia.*

1) $23.66 - 13.25 =$

2) $12.48 + 27.11 =$

3) $74.31 + 13.47 =$

4) $67.94 - 36.43 =$

5) $87.88 - 43.22 =$

6) $57.41 + 41.37 =$

Multiplicación y División de Decimales

Para multiplicar decimales:
- Ignora el punto decimal y configura y multiplica los números como lo haces con los números enteros.
- Contar el número total de decimales en ambos factores.
- Colocar el punto decimal en el producto.

Para dividir decimales:
- Si el divisor no es un número entero, mueve el punto decimal a la derecha para convertirlo en un número entero. Haz lo mismo con el dividendo.
- Dividir similar a números enteros.

Ejemplos:

Ejemplo 1. Encuentre el producto. $0.65 \times 0.24 =$

Solución: Configure y multiplique los números como lo hace con los números enteros. Alinea los números: $\begin{array}{r} 65 \\ \times 24 \\ \hline \end{array}$ → Comience con el lugar de las unidades y luego continúe con otros dígitos → $\begin{array}{r} 65 \\ \times 24 \\ \hline 1,560 \end{array}$. Cuente el número total de lugares decimales en ambos factores. Hay cuatro dígitos decimales. (dos por cada factor 0.65 y 0.24)

Entonces: $0.65 \times 0.24 = 0.1560 = 0.156$

Ejemplo 2. Encuentra el cociente. $1.20 \div 0.4 =$

Solución: El divisor no es un número entero. multiplícalo por 10 para obtener 4: → $0.4 \times 10 = 4$

Haz lo mismo para obtener el dividendo 12. → $1.20 \times 10 = 12$

Ahora, divide $12 \div 4 = 3$. La respuesta es 3.

Práctica:

✎ **Encuentra el producto y el cociente.**

1) $0.3 \times 0.8 =$

2) $3.7 \times 0.4 =$

3) $2.75 \times 0.3 =$

4) $0.88 \times 0.7 =$

5) $2.75 \div 0.25 =$

6) $5.7 \div 0.3 =$

7) $6.3 \div 0.9 =$

8) $30.1 \div 0.07 =$

Capítulo 2: Respuestas

Comparación de Decimales

1) > (0.90 es mayor que 0.090, porque el décimo lugar de 0.90 es 9, pero el décimo lugar de 0.090 es cero. Entonces: $0.90 > 0.090$)

2) < (0.67 es mayor que 0.067, porque el décimo lugar de 0.67 es 6, pero el décimo lugar de 0.067 es cero. Entonces: $0.067 < 0.67$)

3) < (5.5 es mayor que 5.40, porque el décimo lugar de 5.5 es 5, pero el décimo lugar de 5.40 es 4. Entonces: $5.40 < 5.5$)

4) = (Dos números son iguales)

5) >(0.431 es mayor que 0.352, porque el décimo lugar de 0.431 es 4, pero el décimo lugar de 0.352 es 3. Entonces: $0.431 > 0.352$)

6) > (8.08 es mayor que 0.88, porque el lugar de las unidades de 8.08 es 8, pero el lugar de las unidades de 0.88 es cero. Entonces: $8.08 > 0.88$)

7) < (4.4 es mayor que 4.04, porque el décimo lugar de 4.4 es 4, pero el décimo lugar de 4.04 es 0. Entonces: $4.04 < 4.4$)

8) < (2.3 es mayor que 2.04, porque el décimo lugar de 2.3 es 3, pero el décimo lugar de 2.04 es cero. Entonces: $2.04 < 2.3$)

Redondeo de Decimales

1) 26 (Mira el lugar de las décimas. Es 9 y es mayor que 5. Entonces suma 1 al dígito en el lugar de las unidades. $5 + 1 = 6$, entonces, la respuesta es 26)

2) 16 (El lugar de las décimas es 3 y es menor que 5. Entonces, quita todos los dígitos a la derecha. Entonces la respuesta es 16)

3) 7 (El lugar de las décimas es 7 y es mayor que 5. Por lo tanto agregue 1 al dígito en el lugar de las unidades. $6 + 1 = 7$, entonces, la respuesta es 7)

4) 3 (El lugar de las décimas es 5. Luego suma 1 al dígito en el lugar de las unidades. $2 + 1 = 4$, Entonces la respuesta es 3)

5) 28 (El lugar de las décimas es 9 y es mayor que 5. Luego suma 1 al dígito en el lugar de las unidades. $27 + 1 = 28$, Entonces la respuesta es 28)

6) 16 (El lugar de las décimas es 4 y es menor que 5. Luego, quita todos los dígitos a la derecha. Entonces la respuesta es 16)

7) 26.8 (Mira el siguiente valor posicional a la derecha, (centésimas). Es 2 y es menor que 5. Luego, quita todos los dígitos a la derecha. Entonces la respuesta es 26.8)

8) 33.7 (El lugar de las centésimas es 2 y es menor que 5. Luego, quita todos los dígitos a la derecha. Entonces la respuesta es 33.7)

9) 17.8 El lugar de las centésimas es 7 y es mayor que 5. Luego suma 1 al dígito en el lugar de las décimas. $7 + 1 = 8$, entonces la respuesta es 17.8)

10) 53.7 (El lugar de las centésimas es 6 y es mayor que 5. Luego suma 1 al dígito en el lugar de las décimas. $6 + 1 = 7$, entonces la respuesta es 53.7)

11) 21.3 (El lugar de las centésimas es 5. Luego suma 1 al dígito en el lugar de las décimas. $2 + 1 = 3$, entonces la respuesta es 21.3)

12) 88.4 (El lugar de las centésimas es 1 y es menor que 5. Luego, quita todos los dígitos a la derecha. Entonces la respuesta es 88.4)

Suma y Resta de Decimales

1) $10.41 \ (\begin{matrix} 23.66 \\ \underline{-13.25} \\ \end{matrix} \rightarrow 6 - 5 = 1 \rightarrow \begin{matrix} 23.66 \\ \underline{-13.25} \\ 1 \end{matrix} \rightarrow 6 - 2 = 4 \rightarrow \begin{matrix} 23.66 \\ \underline{-13.25} \\ 41 \end{matrix} \rightarrow 3 - 3 = 0 \rightarrow$

$\begin{matrix} 23.66 \\ \underline{-13.25} \\ 0.41 \end{matrix} \rightarrow 2 - 1 = 1 \rightarrow \begin{matrix} 23.66 \\ \underline{-13.25} \\ 10.41 \end{matrix})$

2) $39.59 \ (\begin{matrix} 12.48 \\ \underline{+27.11} \\ \end{matrix} \rightarrow 8 + 1 = 9 \rightarrow \begin{matrix} 12.48 \\ \underline{+27.11} \\ 9 \end{matrix} \rightarrow 4 + 1 = 5 \rightarrow \begin{matrix} 12.48 \\ \underline{+27.11} \\ 59 \end{matrix} \rightarrow 2 + 7 = 9 \rightarrow$

$\begin{matrix} 12.48 \\ \underline{+27.11} \\ 9.59 \end{matrix} \rightarrow 2 + 1 = 3 \rightarrow \begin{matrix} 12.48 \\ \underline{+27.11} \\ 39.59 \end{matrix})$

3) $87.78 \left(\frac{74.31}{\underset{}{+13.47}} \to 1 + 7 = 8 \to \frac{74.31}{\frac{+13.47}{8}} \to 3 + 4 = 7 \to \frac{74.31}{\frac{+13.47}{78}} \to 4 + 3 = 7 \to \right.$

$\frac{74.31}{\frac{+13.47}{7.78}} \to 7 + 1 = 8 \to \frac{74.31}{\frac{+13.47}{87.78}} \left. \right)$

4) $31.51 \left(\frac{67.94}{\underset{}{-36.43}} \to 4 - 3 = 1 \to \frac{67.94}{\frac{-36.43}{1}} \to 9 - 4 = 5 \to \frac{67.94}{\frac{-36.43}{51}} \to 7 - 6 = 1 \to \right.$

$\frac{67.94}{\frac{-36.43}{1.51}} \to 6 - 3 = 3 \to \frac{67.94}{\frac{-36.43}{31.51}} \left. \right)$

5) $44.66 \left(\frac{87.88}{\underset{}{-43.22}} \to 8 - 2 = 6 \to \frac{87.88}{\frac{-43.22}{6}} \to 8 - 2 = 6 \to \frac{87.88}{\frac{-43.22}{66}} \to 7 - 3 = 4 \to \right.$

$\frac{87.88}{\frac{-43.22}{4.66}} \to 8 - 4 = 4 \to \frac{87.88}{\frac{-43.22}{44.66}} \left. \right)$

6) $98.78 \left(\frac{57.41}{\underset{}{+41.37}} \to 1 + 7 = 8 \to \frac{57.41}{\frac{+41.37}{8}} \to 4 + 3 = 7 \to \frac{57.41}{\frac{+41.37}{78}} \to 7 + 1 = 8 \to \right.$

$\frac{57.41}{\frac{+41.37}{8.78}} \to 5 + 4 = 9 \to \frac{57.41}{\frac{+41.37}{98.78}}$

Multiplicación y División de Decimales

1) 0.24 (Alinea los números: $\frac{\underset{8}{\times 3}}{24} \to$ Cuente el número total de lugares decimales entre ambos factores 0.8 y 0.3) Por lo que: $0.8 \times 0.3 = 0.24$)

2) 1.48 ($\frac{\underset{37}{\times 4}}{148} \to$ Cuente el número total de lugares decimales entre ambos factores. Hay dos dígitos decimales. (uno para cada factor 3.7 y 0.4) Por lo que: $3.7 \times 0.4 = 1.48$)

3) 0.825 ($\frac{\underset{275}{\times 3}}{825} \to$ Hay tres dígitos decimales. Por lo que: $2.75 \times 0.3 = 0.825$)

4) 0.616 ($\begin{array}{r} 88 \\ \times\ 7 \\ \hline 616 \end{array}$ $\rightarrow$ Hay tres dígitos decimales. Por lo que: $0.88 \times 0.7 = 0.616$)

5) 11 (El divisor no es número entero. Multiplicalo por 100 para obtener 25. Haz lo mismo para obtener el dividendo 275. Ahora, divide: $275 \div 25 = 11$)

6) 19 (El divisor no es número entero. Multiplicalo por 10 para obtener 3. Haz lo mismo para obtener el dividend 57. Ahora, divide: $57 \div 3 = 19$)

7) 7 (El divisor no es número entero. Multiplicalo por 10 para obtener 9. Haz lo mismo para obtener el dividendo 63. Ahora, divide: $63 \div 9 = 7$)

8) 430 (El divisor no es número entero. Multiplicalo por 100 para obtener 7. Haz lo mismo para obtener el dividendo $3,010$. Ahora, divide: $3,010 \div 7 = 430$)

CAPÍTULO

3 Enteros y Orden de Operaciones

Temas matemáticos que aprenderás en este capítulo:

- ☑ Suma y Resta de Enteros
- ☑ Multiplicación y División de Enteros
- ☑ Orden de Operaciones
- ☑ Enteros y Valor Absoluto

24

Suma y resta de enteros

- Los números enteros incluyen cero, números de conteo y el negativo de los números de conteo. $\{...\,,-3,-2,-1,0,1,2,3,\,...\}$
- Suma un número entero positivo moviéndote hacia la derecha en la recta numérica. (obtendrás un número mayor)
- Suma un entero negativo moviéndote hacia la izquierda en la recta numérica. (obtendrás un número más pequeño)
- Resta un número entero sumando su opuesto.

Numero de linea

Ejemplos:

Ejemplo 1. Resuelve. $(-2) - (-8) =$

Solución: Mantenga el primer número y convierta el signo del segundo número en su opuesto (cambie la resta en suma). Después: $(-2) + 8 = 6$

Ejemplo 2. Resuelve. $4 + (5 - 10) =$

Solución: Primero, resta los números entre paréntesis, $5 - 10 = -5$.
Luego: $4 + (-5) = \rightarrow$ cambiar suma por resta: $4 - 5 = -1$

Práctica:

✎ *Encuentra cada suma o resta.*

1) $18 + (-7) =$

2) $(-21) + (-13) =$

3) $(-11) - (-26) =$

4) $67 + (-23) =$

5) $(-9) + (-15) + 6 =$

6) $59 + (-22) + 14 =$

7) $(-14) - (-6) =$

8) $15 - (-33) =$

Multiplicación y División de Enteros

Usa las siguientes reglas para multiplicar y dividir números enteros:

- (negativo) × (negativo) = positivo

- (negativo) ÷ (negativo) = positivo

- (negativo) × (positivo) = negativo

- (negativo) ÷ (positivo) = negativo

- (positivo) × (positivo) = positivo

- (positivo) ÷ (negativo) = negativo

Ejemplos:

Ejemplo 1. Resuelve. $3 \times (-4) =$

Solución: Usa esta regla: (positivo) × (negativo) = negativo

Así que: $(3) \times (-4) = -12$

Ejemplo 2. Resuelve. $(-3) + (-24 \div 3) =$

Solución: Primero, divide −24 por 3, los números en paréntesis, usa esta regla:

(negativo) ÷ (positivo) = negativo. Así que: $-24 \div 3 = -8$

$(-3) + (-24 \div 3) = (-3) + (-8) = -3 - 8 = -11$

Práctica:

✍ *Encuentra cada producto o cociente.*

1) $(-6) \times (-9) =$

2) $(-5) \times (-20) =$

3) $-(4) \times (-7) \times 5 =$

4) $(16 - 3) \times (-9) =$

5) $32 \div (-8) =$

6) $(-66) \div 11 =$

7) $(-36) \div (-9) =$

8) $(-49) \div (-7) =$

Orden de Operaciones

- En Matemáticas, las "operaciones" son suma, resta, multiplicación, división, exponenciación (escrita como b^n), y agrupación.

- Cuando hay más de una operación matemática en una expresión, use PEMDAS

  ❖ Paréntesis

  ❖ Exponentes

  ❖ Multiplicación y División (de izquierda a derecha)

  ❖ Suma y Resta (de izquierda a derecha)

Ejemplos:

Ejemplo 1. Calcula. $(2 + 6) \div (2^2 \div 4) =$

Solución: Primero, simplifica dentro de los paréntesis:
$(8) \div (4 \div 4) = (8) \div (1)$, Luego: $(8) \div (1) = 8$

Ejemplo 2. Resuelve. $(6 \times 5) - (14 - 5) =$

Solución: Primero, calcula entre paréntesis: $(6 \times 5) - (14 - 5) = (30) - (9)$, Luego: $(30) - (9) = 21$

Práctica:

✎ *Evalua cada expresión*

1) $6 + (3 \times 4) =$

2) $10 - (2 \times 3) =$

3) $(18 \times 2) + 15 =$

4) $(17 - 2) - (3 \times 3) =$

5) $30 + (18 \div 6) =$

6) $(12 \times 10) \div 4 =$

7) $(24 \div 4) \times (-5) =$

8) $(7 \times 8) + (24 - 12) =$

Enteros y Valor Absoluto

- El valor absoluto de un número es su distancia desde cero, en cualquier dirección, en la recta numérica. Por ejemplo, la distancia de 9 y −9 desde cero en la recta numérica es 9.

- El valor absoluto de un número entero es el valor numérico sin su signo. (negativo o positivo)

- La barra vertical se usa para el valor absoluto como en $|x|$.

- El valor absoluto de un número nunca es negativo; porque solo muestra "cuán lejos está el número de cero".

Ejemplos:

Ejemplo 1. Calcula. $|14 − 2| × 5 =$

Solución: Primero, resuelve $|14 − 2|$, $\rightarrow |14 − 2| = |12|$, el valor absoluto de 12 es 12, $|12| = 12$, Luego: $12 × 5 = 60$

Ejemplo 2. Resuelve. $\frac{|−24|}{4} × |5 − 7| =$

Solución: Primero, busca $|−24| \rightarrow$ el valor absoluto de −24 es 24. Luego: $|−24| = 24$, $\frac{24}{4} × |5 − 7| =$

Ahora, calcula $|5 − 7|$, $\rightarrow |5 − 7| = |−2|$, el valor absoluto de −2 is 2. $|−2| = 2$ Luego: $\frac{24}{4} × 2 = 6 × 2 = 12$

Práctica:

✎ *Evaluar el valor.*

1) $12 − |4 − 7| − |−1| =$

2) $|−12| − \frac{|−4|}{2} =$

3) $\frac{|−18|}{3} × |−5| =$

4) $\frac{|10×−3|}{3} × \frac{|−16|}{4} =$

5) $|11 × −2| + \frac{|−15|}{3} =$

6) $\frac{|−33|}{3} × \frac{|−16|}{8} =$

7) $|−10 + 4| × \frac{|−3×4|}{12} =$

8) $\frac{|−7×6|}{3} × |−6| =$

Capítulo 3: Respuestas

Suma y Resta de Enteros

1) 11 (Cambia la suma en resta: $18 - 7 = 11$)

2) -34 (Mantén el primer número y cambia la suma por resta: $-21 - 13 = -34$)

3) 15 (Mantén el primer número y convierte el signo del segundo número en su opuesto. convertir la resta en suma. Después: $(-11) + 26 = 15$)

4) 44 (Cambia la suma por resta: $67 - 23 = 44$)

5) -18 (Mantén el primer número y convierte la primera suma en resta. Después: $(-9) - 15 + 6 = -18$)

6) 51 (Mantén el primer número y convierte la primera suma en resta. Después: $59 - 22 + 14 = 51$)

7) -8 (Mantén el primer número y convierte el signo del segundo número en su opuesto. convertir la resta en suma. Después: $(-14) + 6 = -8$)

8) 48 (Mantén el primer número y convierte el signo del segundo número en su opuesto. convertir la resta en suma. Después: $15 + 33 = 48$)

Multiplicación y División de Enteros

1) 54 (Usa esta regla: (negativo) × (negativo) = positivo. Luego: $(-6) \times (-9) = 54$)

2) 100 (Usa esta regla: (negativo) × (negativo) = positivo. Luego: $(-5) \times (-20) = 100$)

3) 140 (Usa esta regla para dos números: (negativo) × (negativo) = positivo. Luego: $(-4) \times (-7) = 28$. Usando esta regla, multiplicamos el número obtenido en el tercer decimal: (positivo) × (positivo) = positivo. Luego: $28 \times 5 = 140$)

4) −117 (Resta los números en paréntesis, $16 − 3 = 13 → 13 × (−9) =$)

Ahora usa esta regla: (positivo) × (negativo) = negativo → $13 × (−9) = −117$)

5) −4 (Usa esta regla: (positivo) ÷ (negativo) = negativo. Luego: $32 ÷ (−8) = −4$)

6) −6 (Usa esta regla: (negativo) ÷ (positivo) = negativo. Luego: $(−66) ÷ 11 = −6$)

7) 4 (Usa esta regla: (negativo) ÷ (negativo) = positivo. Luego: $(−36) ÷ (−9) = 4$)

8) 7 (Usa esta regla: (negativo) ÷ (negativo) = positivo. Luego: $(−49) ÷ (−7) = 7$)

Order of Operations

1) 18 (Primero, simplificar dentro del paréntesis: $6 + (3 × 4) = 6 + (12)$, Luego: $6 + 12 = 18$)

2) 4 (Primero, simplificar dentro del paréntesis: $10 − (2 × 3) = 10 − (6)$, Luego: $10 − 6 = 4$)

3) 51 (Primero, simplificar dentro del paréntesis: $(18 × 2) + 15 = (36) + 15$, Luego: $36 + 15 = 51$)

4) 6 (Primero, simplificar dentro del paréntesis: $(17 − 2) − (3 × 3) = (15) − (9)$, Luego: $15 − 9 = 6$)

5) 33 (Primero, simplificar dentro del paréntesis: $30 + (18 ÷ 6) = 30 + (3)$, Luego: $30 + 3 = 33$)

6) 30 (Primero, simplificar dentro del paréntesis: $(12 × 10) ÷ 4 = (120) ÷ 4$, Luego: $120 ÷ 4 = 30$)

7) −30 (Primero, simplificar dentro del paréntesis: $(24 ÷ 4) × (−5) = (6) × (−5)$, Luego: $6 × −5 = −30$)

8) 68 (Primero, simplificar dentro del paréntesis: $(7 × 8) + (24 − 12) = (56) + (12)$, Luego: $56 + 12 = 68$)

Enteros y Valor Absoluto

1) 8 (Primero, busca $|4 - 7| = |-3| \rightarrow$ el valor absoluto de -3 es 3. Ahora, el valor absoluto de -1 es 1. Luego: $12 - 3 - 1 = 8$)

2) 10 (Primero, busca $|-12| \rightarrow$ el valor absoluto de -12 es 12. Ahora, calcula $|-4| \rightarrow$ el valor absoluto de -4 es $4 \rightarrow \frac{4}{2} = 2$. Luego: $12 - 2 = 10$)

3) 30 (Primero, busca $|-18| \rightarrow$ el valor absoluto de -18 es $18 \rightarrow \frac{18}{3} = 6$. Ahora, calcula $|-5| \rightarrow$ el valor absoluto de -5 es 5. Luego: $6 \times 5 = 30$)

4) 40 (Primero, busca $|10 \times -3| \rightarrow |-30|$ el valor absoluto de -30 es $30 \rightarrow \frac{30}{3} = 10$. Ahora, calcula $|-16| \rightarrow$ el valor absoluto de -16 es $16 \rightarrow \frac{16}{4} = 4$. Luego: $10 \times 4 = 40$)

5) 27 (Primero, busca $|11 \times -2| \rightarrow |-22|$ el valor absoluto de -22 es 22. Ahora, calcula $|-15| \rightarrow$ el valor absoluto de -15 es $15 \rightarrow \frac{15}{3} = 5$. Luego: $22 + 5 = 27$)

6) 22 (Primero, busca $|-33|$ el valor absoluto de -33 es $33 \rightarrow \frac{33}{3} = 11$. Ahora, calcula $|-16| \rightarrow$ el valor absoluto de -16 es $16 \rightarrow \frac{16}{8} = 2$. Luego: $11 \times 2 = 22$)

7) 6 (Primero, busca $|-10 + 4| \rightarrow |-6|$ el valor absoluto de -6 es 6. Ahora, calcula $|-3 \times 4| \rightarrow |-12|$ el valor absoluto de -12 es $12 \rightarrow \frac{12}{12} = 1$. Luego: $6 \times 1 = 6$)

8) 84 (Primero, busca $|-7 \times 6| \rightarrow |-42|$ el valor absoluto de -42 es $42 \rightarrow \frac{42}{3} = 14$. Ahora, calcula $|-6|$ el valor absoluto de -6 es 6. Luego: $14 \times 6 = 84$)

CAPÍTULO

4 Razones y proporciones

Temas matemáticos que aprenderás en este capítulo:

- ☑ Simplificación de Proporciones
- ☑ Razones Proporcionales
- ☑ Similaridad y Proporciones

32

Simplificación de Proporciones

- Las razones se usan para hacer comparaciones entre dos números.

- Las proporciones se pueden escribir como una fracción, usando la palabra "a", o con dos puntos. Ejemplo: $\frac{3}{4}$ o "3 a 4" o $3:4$

- Puedes calcular razones equivalentes multiplicando o dividiendo ambos lados de la razón por el mismo número.

Ejemplos:

Ejemplo 1. Simplifica. $8:2 =$

Solución: Ambos números 8 y 2 son divisibles por $2 \Rightarrow 8 \div 2 = 4$, $2 \div 2 = 1$, Entonces: $8:2 = 4:1$

Ejemplo 2. Simplifica. $\frac{9}{33} =$

Solución: Ambos números 9 y 33 son divisibles por $3 \Rightarrow 33 \div 3 = 11$, $9 \div 3 = 3$, Entonces: $\frac{9}{33} = \frac{3}{11}$

Práctica:

✍ *Reducir cada razón.*

1) $24:4 = $ ___:___

2) $12:3 = $ ___:___

3) $4:48 = $ ___:___

4) $5:15 = $ ___:___

5) $9:120 = $ ___:___

6) $18:60 = $ ___:___

7) $16:64 = $ ___:___

8) $60:90 = $ ___:___

9) $30:80 = $ ___:___

10) $12:26 = $ ___:___

11) $63:28 = $ ___:___

12) $36:66 = $ ___:___

Razones Proporcionales

- Dos razones son proporcionales si representan la misma relación.

- Una proporción significa que dos razones son iguales. Se puede escribir de dos formas: $\frac{a}{b} = \frac{c}{d}$ $a:b = c:d$

- La proporción $\frac{a}{b} = \frac{c}{d}$ se puede escribir como: $a \times d = c \times b$

Ejemplos:

Ejemplo 1. Resuelva esta proporción para x. $\frac{2}{5} = \frac{6}{x}$

Solución: Usa la multiplicación cruzada: $\frac{2}{5} = \frac{6}{x} \Rightarrow 2 \times x = 6 \times 5 \Rightarrow 2x = 30$

Divide ambos lados entre 2 para encontrar x: $x = \frac{30}{2} \Rightarrow x = 15$

Ejemplo 2. Si una caja contiene bolas rojas y azules en una proporción de 3:5 rojas a azules, ¿cuántas bolas rojas hay si hay 45 bolas azules en la caja?

Solución: Escribe una proporción y resuelve. $\frac{3}{5} = \frac{x}{45}$

Usa la multiplicación cruzada: $3 \times 45 = 5 \times x \Rightarrow 135 = 5x$

Dividir para encontrar x: $x = \frac{135}{5} \Rightarrow x = 27$. Hay 27 bolas rojas en la caja.

Práctica:

✎ **Resuelve cada proporción.**

1) $\frac{1}{4} = \frac{x}{44}$, $x =$ ____

2) $\frac{1}{7} = \frac{8}{x}$, $x =$ ____

3) $\frac{2}{7} = \frac{14}{x}$, $x =$ ____

4) $\frac{3}{10} = \frac{x}{90}$, $x =$ ____

5) $\frac{4}{5} = \frac{x}{65}$, $x =$ ____

6) $\frac{1}{6} = \frac{15}{x}$, $x =$ ____

7) $\frac{4}{9} = \frac{64}{x}$, $x =$ ____

8) $\frac{5}{12} = \frac{75}{x}$, $x =$ ____

Similaridad y Razones

- Dos figuras son semejantes si tienen la misma forma.
- Dos o más figuras son semejantes si los ángulos correspondientes son iguales y los lados correspondientes son proporcionales.

Ejemplos:

Ejemplo 1. Los siguientes triángulos son semejantes. ¿Cuál es el valor del lado desconocido?

Solución: Encuentra los lados correspondientes y escribe una proporción.

$\frac{10}{20} = \frac{8}{x}$. Ahora, usa el producto cruz para reResuelver

x:

$\frac{10}{20} = \frac{8}{x} \rightarrow 10 \times x = 8 \times 20 \rightarrow 10x = 160$. Divide ambos

lados por 10. Luego: $10x = 160 \rightarrow x = \frac{160}{10} \rightarrow x = 16$

El lado que falta es 16.

Ejemplo 2. Dos rectángulos son semejantes. El primero mide 5 pies de ancho y 15 pies de largo. El segundo mide 10 pies de ancho. ¿Cuál es la longitud del segundo rectángulo?

Solución: Pongamos x para la longitud del segundo rectángulo. Como dos rectángulos son semejantes, sus lados correspondientes están en proporción. Escribe una proporción y resuelve el número que falta.

$\frac{5}{10} = \frac{15}{x} \rightarrow 5x = 10 \times 15 \rightarrow 5x = 150 \rightarrow x = \frac{150}{5} = 30$

La longitud del segundo rectángulo es de 30 pies.

Práctica:

✍ Resuelve.

1) Dos rectángulos son semejantes. El primero tiene 8 pies de ancho y 28 pies de largo. El segundo tiene 18 pies de ancho. ¿Cuál es la longitud del segundo rectángulo?

_____

2) Dos rectángulos son semejantes. Uno mide 6 metros por 36 metros. El lado más largo del segundo rectángulo mide 12 metros. ¿Cuál es el otro lado del segundo rectángulo?

_____

3) Un edificio proyecta una sombra de 33 pies de largo. Al mismo tiempo, una niña de 6 pies de altura proyecta una sombra de 3 pies de largo. ¿Qué tan alto es el edificio?

_____

Capíitulo 4: Respuestas

Simplificación de Razones

1) $6:1$ (Ambos números 24 y 4 son divisibles por $4 \Rightarrow 24 \div 4 = 6$, $4 \div 4 = 1$, Entonces: $24:4 = 6:1$)

2) $4:1$ (12 y 3 son divisibles por $3 \Rightarrow 12 \div 3 = 4$, $3 \div 3 = 1$, Entonces: $12:3 = 4:1$)

3) $1:12$ (4 y 48 son divisibles por $4 \Rightarrow 4 \div 4 = 1$, $48 \div 4 = 12$, Entonces: $4:48 = 1:12$)

4) $1:3$ (5 y 15 son divisibles por $5 \Rightarrow 5 \div 5 = 1$, $15 \div 5 = 3$, Entonces: $5:15 = 1:3$)

5) $3:40$ (9 y 120 son divisibles por $3 \Rightarrow 9 \div 3 = 3$, $120 \div 3 = 40$, Entonces: $9:120 = 3:40$)

6) $3:10$ (18 y 60 son divisibles por $6 \Rightarrow 18 \div 6 = 3$, $60 \div 6 = 10$, Entonces: $18:60 = 3:10$)

7) $1:4$ (16 y 64 son divisibles por $16 \Rightarrow 16 \div 16 = 1$, $64 \div 16 = 4$, Entonces: $16:64 = 1:4$)

8) $2:3$ (60 y 90 son divisibles por $30 \Rightarrow 60 \div 30 = 2$, $90 \div 30 = 3$, Entonces: $60:90 = 2:3$)

9) $3:8$ (30 y 80 son divisibles por $10 \Rightarrow 30 \div 10 = 3$, $80 \div 10 = 8$, Entonces: $30:80 = 3:8$)

10) $6:13$ (12 y 26 son divisibles por $2 \Rightarrow 12 \div 2 = 6$, $26 \div 2 = 13$, Entonces: $12:26 = 6:13$)

11) $9:4$ (63 y 28 son divisibles por $7 \Rightarrow 63 \div 7 = 9$, $28 \div 7 = 4$, Entonces: $63:28 = 9:4$)

12) $6:1$ (36 y 66 son divisibles por $6 \Rightarrow 36 \div 6 = 6$, $66 \div 6 = 11$, Entonces: $36:66 = 6:11$)

Razones Propoorcionales

1) 11 (Usa la multiplicación cruzada: $\frac{1}{4} = \frac{x}{44} \Rightarrow 1 \times 44 = 4 \times x \Rightarrow 44 = 4x$ Divide ambos lados por 4 para encontrar x: $x = \frac{44}{4} \Rightarrow x = 11$)

2) 56 (Usa la multiplicación cruzada: $\frac{1}{7} = \frac{8}{x} \Rightarrow 1 \times x = 7 \times 8 \Rightarrow x = 56$)

3) 49 (Usa la multiplicación cruzada: $\frac{2}{7} = \frac{14}{x} \Rightarrow 2 \times x = 7 \times 14 \Rightarrow 2x = 98$ Divide ambos lados por 2 para encontrar x: $x = \frac{98}{2} \Rightarrow x = 49$)

4) 27 (Usa la multiplicación cruzada: $\frac{3}{10} = \frac{x}{90} \Rightarrow 3 \times 90 = 10 \times x \Rightarrow 270 = 10x$ Divide ambos lados por 10 para encontrar x: $x = \frac{270}{10} \Rightarrow x = 27$)

5) 52 (Usa la multiplicación cruzada: $\frac{4}{5} = \frac{x}{65} \Rightarrow 4 \times 65 = 5 \times x \Rightarrow 260 = 5x$ Divide ambos lados por 5 para encontrar x: $x = \frac{260}{5} \Rightarrow x = 52$)

6) 90 (Usa la multiplicación cruzada: $\frac{1}{6} = \frac{15}{x} \Rightarrow 1 \times x = 6 \times 15 \Rightarrow x = 90$)

7) 144 (Usa la multiplicación cruzada: $\frac{4}{9} = \frac{64}{x} \Rightarrow 4 \times x = 9 \times 64 \Rightarrow 4x = 576$ Divide ambos lados por 4 para encontrar x: $x = \frac{576}{4} \Rightarrow x = 144$)

8) 180 (Usa la multiplicación cruzada: $\frac{5}{12} = \frac{75}{x} \Rightarrow 5 \times x = 12 \times 75 \Rightarrow 5x = 900$ Divide ambos lados por 5 para encontrar x: $x = \frac{900}{5} \Rightarrow x = 180$)

Similaridad y Razones

1) 63 (Pongamos x para la longitud del segundo rectángulo. Como dos rectángulos son semejantes, sus lados correspondientes están en proporción. Escribe una proporción y resuelve el número que falta. $\frac{8}{28} = \frac{18}{x} \rightarrow 8x = 18 \times 28 \rightarrow 8x = 504 \rightarrow x = \frac{504}{8} = 63$)

2) 2 (Pongamos x para la longitud del segundo rectángulo. Como dos rectángulos son semejantes, sus lados correspondientes están en proporción. Escribe una proporción y resuelve el número que falta. $\frac{6}{36} = \frac{x}{12} \rightarrow 6 \times 12 = 36x \rightarrow 72 = 36x \rightarrow x = \frac{72}{36} = 2$)

3) 66 (Encuentra los lados correspondientes y escribe una proporción.

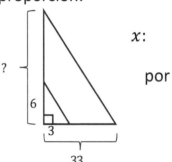

$\frac{3}{33} = \frac{6}{x}$. Ahora, usa el producto cruz para reResuelver x:

$\frac{3}{33} = \frac{6}{x} \rightarrow 3 \times x = 6 \times 33 \rightarrow 3x = 198$. Divide ambos por

3. Luego: $3x = 198 \rightarrow x = \frac{198}{3} \rightarrow x = 66$)

CAPÍTULO

5 Porcentaje

Temas matemáticos que aprenderás en este capítulo:

- ☑ Problemas de Porcentaje
- ☑ Porcentaje de Aumento y Disminución
- ☑ Descuento, Impuesto y Propina
- ☑ Interés Simple

40

Problemas de Porcentaje

- El porcentaje es una relación de un número y 100. Siempre tiene el mismo denominador, 100. El símbolo de porcentaje es "%".
- Porcentaje significa "por 100". Entonces, 20% es $\frac{20}{100}$.
- En cada problema de porcentaje, buscamos la base, la parte o el porcentaje.
- Usa estas ecuaciones para encontrar cada sección faltante en un problema de porcentaje:
  - ❖ Base = Parte ÷ Porcentaje
  - ❖ Parte = Porcentaje × Base
  - ❖ Porcentaje = Parte ÷ Base

Ejemplos:

Ejemplos 1. Cuál es el 20% de 40?

Solución: En este problema, tenemos el porcentaje (20%) y la base (40) y buscamos la "parte". Usa esta fórmula: *Parte = Porcentaje × Base*.

Entonces: $Parte = 20\% \times 40 = \frac{20}{100} \times 40 = 0.20 \times 40 = 8$. La respuesta: 20% de 40 es 8.

Ejemplos 2. 25 es que porcentaje de 500?

Solución: En este problema, estamos buscando el porcentaje. Usa esta ecuación: *Porcentaje = Parte ÷ Base → Porcentaje = 25 ÷ 500 = 0.05 = 5%*.

Entonces: 25 es 5 porcentaje de 500.

Práctica:

🖎 *Resuelve cada problema.*

1) 30 es que porcentaje de 40? ____%

2) 22 es que porcentaje de 88? ____%

3) 42 es que porcentaje de 150? ____%

4) 85 es que porcentaje de 340? ____%

5) 84 es 14 por ciento de qué número? ____

6) 72 es 32 por ciento de qué número? ____

7) 12 es 75 por ciento de qué número? ____

8) 64 es 16 por ciento de qué número? ____

Porcentaje de Aumento y Disminución

- El porcentaje de cambio (aumento o disminución) es un concepto matemático que representa el grado de cambio a lo largo del tiempo.
- Para encontrar el porcentaje de aumento o disminución:
    1. Número nuevo – Número original
    2. (El resultado ÷ Número original) × 100
- O utilice esta fórmula: $Porcentaje\ de\ cambio = \frac{nuevo\ núm - núm\ original}{núm\ original} \times 100$
- Nota: si su respuesta es un número negativo, entonces se trata de una disminución porcentual. Si es positivo, entonces se trata de un aumento porcentual.

Ejemplos:

Ejemplo 1. El precio de una camisa aumenta de \$30 a \$36. Cuál es el porcentaje de aumento?

Solución: Primero encuentra la diferencia: $36 - 30 = 6$

Entonces: $(6 \div 30) \times 100 = \frac{6}{30} \times 100 = 20$. El aumento porcentual es 20%. Significa que el precio de la camiseta aumentó. Por 20%.

Ejemplo 2. El precio de una mesa disminuyó de \$50 a \$35. ¿Cuál es el porcentaje de disminución?

Solución: Usa esta fórmula:

$$Porcentaje\ de\ cambio = \frac{nuevo\ núm - núm\ original}{núm\ original} \times 100 =$$

$\frac{35-50}{50} \times 100 = \frac{-15}{50} \times 100 = -30$. El porcentaje de disminución es 30. (El signo negativo significa disminución porcentual) Por lo tanto, el precio de la mesa disminuyó en 30%.

Práctica:

✍ ***Resuelve cada porcentaje de problema verbal de cambio.***

1) John obtuvo un aumento y su salario por hora aumentó de \$16 a \$20. ¿Cuál es el porcentaje de aumento? _____ %

2) El precio de un libro aumenta de \$25 a \$33. ¿Cuál es el porcentaje de aumento? ___ %

3) Se han comido 3 de las 15 piezas de un pastel. ¿Cuál es el porcentaje de disminución del pastel? _____ %

Descuento, Impuestos y Propina

- Para encontrar el descuento: Multiplique el precio regular por la tasa de descuento.

- Para encontrar el precio de venta: Precio original – descuento.

- Para encontrar el impuesto: Multiplique la tasa impositiva por la base imponible (ingresos, valor de la propiedad, etc.)

- Para encontrar la propina, multiplique la tasa por el precio de venta.

Ejemplos:

Ejemplo 1. Con un 20 % de descuento, Ella ahorró $50 en un vestido. ¿Cuál era el precio original del vestido?

Solución: sea x el precio original del vestido. Entonces: $20\% \, de \, x = 50$. Escribe una ecuación y resuelve para x: $0.20 \times x = 50 \rightarrow x = \frac{50}{0.20} = 250$. El precio original del vestido era $250.

Ejemplo 2. Sophia compró una computadora nueva por un precio de $820 en Apple Store. ¿Cuál es el monto total que se carga a su tarjeta de crédito si el impuesto a las ventas es del 5%?

Solución: El monto imponible es de $820 y la tasa impositiva es del 5%. Después:

$$Impuesto = 0.05 \times 820 = 41$$

$Precio \, Final = Precio \, de \, Venta + Impuesto \rightarrow Precio \, Final = \$820 + \$41 = \$861$

Práctica:

✍ *Encuentre el precio de venta de cada artículo.*

1) Precio Original de una televisión: $450

   Impuesto: 8%, Precio Venta: $_____

2) Precio Original de una escultura: $700

   Impuesto: 11%, Precio Venta: $_____

3) Precio Original de una estufa: $1,000

   Impuesto: 7.5%, Precio Venta: $_____

4) Precio Original gafas de sol:$240

   Descuento: 15%, Precio Venta:$_____

5) Precio Original de una Mesa: $380

   Descuento: 25%, Precio Venta:$_____

6) Precio Original de un carro: $25,000

   Descuento: 5%, Precio Venta:$_____

Interés Simple

- Interés Simple: El cargo por pedir dinero prestado o el rendimiento por prestarlo.

- El interés simple se calcula sobre el monto inicial (principal).

- Para reResuelver un problema de interés simple, utilice esta fórmula:

$$Interés = principal \times ritmo \times tiempo \qquad (I = p \times r \times t = prt)$$

Ejemplos:

Ejemplo 1. Encuentre el interés simple para una inversión de $200 al 5% durante 3 años.

Solución: Usar fórmula de interés:

$I = prt$ ($p = \$200$, $r = 5\% = \frac{5}{100} = 0.05$ y $t = 3$)

Entonces: $I = 200 \times 0.05 \times 3 = \$30$

Ejemplo 2. Encuentre el interés simple por $1,200 al 8% durante 6 años.

Solución: Usar fórmula de interés:

$I = prt$ ($p = \$1,200$, $r = 8\% = \frac{8}{100} = 0.08$ y $t = 6$)

Entonces: $I = 1,200 \times 0.08 \times 6 = \$576$

Práctica:

✍ *Determine el interés simple para estos préstamos.*

1) $700 al 3% por 2 años. $ _____

2) $1,250 al 6.5% por 4 años. $ _____

3) $13,000 al 14% por 6 meses. $ _____

4) $850 al 10% por 7 años. $ _____

5) $11,300 al 4% por 9 meses. $ _____

6) $2,400 al 5% por 5 años. $ _____

7) $950 al 6% por 8 años. $ _____

8) $3,800 al 2% por 3 años. $ _____

bit.ly/3nJli3D
Find more at

Capítulo 5: Respuestas

Problemas de Porcentaje

1) 75% (En este problema, estamos buscando el porcentaje. Usa esta ecuación: $Porcentaje = Parte \div Base \rightarrow Porcentaje = 30 \div 40 = 0.75 = 75\%$. Entonces: 30 es 75 porcentaje de 40)

2) 25% (En este problema, estamos buscando el porcentaje. Usa esta ecuación: $Porcentaje = Parte \div Base \rightarrow Porcentaje = 22 \div 88 = 0.25 = 25\%$. Entonces: 22 es 25 porcentaje de88)

3) 28% (En este problema, estamos buscando el porcentaje. Usa esta ecuación: $Porcentaje = Parte \div Base \rightarrow Porcentaje = 42 \div 150 = 0.28 = 28\%$. Entonces: 42 es 28 porcentaje de 150)

4) 25% (En este problema, estamos buscando el porcentaje. Usa esta ecuación: $Porcentaje = Parte \div Base \rightarrow Porcentaje = 85 \div 340 = 0.25 = 25\%$. Entonces: 85 es 25 porcentaje de 340)

5) 600 En este problema, estamos buscando el porcentaje. Usa esta ecuación: $Base = Parte \div Porcentaje \rightarrow Base = 84 \div 14\% = 84 \div 0.14 = 600$. Entonces: 84 es 14 porcentaje de 600)

6) 225 (En este problema, estamos buscando el porcentaje. Usa esta ecuación: $Base = Parte \div Porcentaje \rightarrow Base = 72 \div 32\% = 72 \div 0.32 = 225$. Entonces: 72 es 32 porcentaje de 225)

7) 16 (En este problema, estamos buscando el porcentaje. Usa esta ecuación: $Base = Parte \div Porcentaje \rightarrow Base = 12 \div 75\% = 12 \div 0.75 = 16$. Entonces: 12 es 75 porcentaje de 16)

8) 400 (En este problema, estamos buscando el porcentaje. Usa esta ecuación: $Base = Parte \div Porcentaje \rightarrow Base = 64 \div 16\% = 12 \div 0.16 = 400$. Entonces: 64 es 16 porcentaje de 400)

Porcentaje de Aumento y Disminución

1) 25 (Primero, encuentra la diferencia: $20 - 16 = 4$. Luego: $(4 \div 16) \times 100 = \frac{4}{16} \times 100 = 25$. El aumento porcentual es 25%. Significa que el precio de la camiseta aumentó en 25%.)

2) 32 (Primero, encuentra la diferencia: $33 - 25 = 8$. Luego: $(8 \div 25) \times 100 = \frac{8}{25} \times 100 = 32$. The percentage increase is 32%. Significa que el precio de la camiseta aumentó en 32%.)

3) 20% (Usa esta fórmula: $Porcentaje\ de\ cambio = \frac{nuevo\ núm - núm\ original}{núm\ original} \times 100 = \frac{12-15}{15} \times 100 = \frac{-3}{15} \times 100 = -20$. El porcentaje de disminución es 20. (el signo negativo significa disminución porcentual) Por lo tanto, el precio de la mesa disminuyó en 20%.)

Descuento, Impuesto y Propina

1) $486.00 (La base imponible es $450, y la tasa de impuestos es 8%. Luego: $Impuesto = 0.08 \times 450 = 36$. $Precio\ Final = Precio\ de\ Venta + Impuesto \rightarrow Precio\ Final = \$450 + \$36 = \$486$)

2) $777.00 (La base imponible es $700, y la tasa de impuestos es 11%. Luego: $Impuesto = 0.11 \times 700 = 77$. $Precio\ Final = Precio\ de\ Venta + Impuesto \rightarrow Precio\ Final = \$700 + \$77 = \$777$)

3) $1,075.00 (La base imponible es $1,000, y la tasa de impuestos es 7.5%. Luego: $Impuesto = 0.075 \times 1,000 = 75$. $Precio\ Final = Precio\ de\ Venta + Impuesto \rightarrow Precio\ Final = \$1,000 + \$75 = \$1,075$)

4) $204.00 (El Precio Original del vestido es $240. Luego: $15\%\ of\ 240 = 36$. $Precio\ Final = Precio\ de\ Venta - Discount \rightarrow Precio\ Final = \$240 - \$36 = \$204$)

5) $285.00 (El Precio Original del vestido es $380. Luego: $25\%\ of\ 380 = 95$. $Precio\ Final = Precio\ de\ Venta - Descuento \rightarrow Precio\ Final = \$380 - \$95 = \$285$)

6) $23,750.00 (El Precio Original del vestido es $25,000. Luego: 5% of $25,000 =$ $1,250$. $Precio\ Final = Precio\ de\ Venta - Descuento \rightarrow Precio\ Final =$ $\$25,000 - \$1,250 = \$23,750.00$)

Interés Simple

1) $42.00 (Usa Fórmula de Interés: $I = prt$ ($p = \$700$, $r = 3\% = \dfrac{3}{100} = 0.03$ y $t = 2$) Luego: $I = 700 \times 0.03 \times 2 = \$42$)

2) $325.00 (Usa Fórmula de Interés: $I = prt$ ($p = \$1,250$, $r = 6.5\% = \dfrac{6.5}{100} = 0.065$ y $t = 4$) Luego: $I = 1,250 \times 0.065 \times 4 = \$325$)

3) $910.00 (Usa Fórmula de Interés: $I = prt$. $p = \$13,000$, $r = 14\% = 0.14$ y $t = 0.5$ (6 meses es medio año). Luego: $I = 13,000 \times 0.14 \times 0.5 = \$910$)

4) $595.00 (Usa Fórmula de Interés: $I = prt$ ($p = \$850$, $r = 10\% = \dfrac{10}{100} = 0.1$ y $t = 7$) Luego: $I = 850 \times 0.1 \times 7 = \$595$)

5) $339.00 (Usa Fórmula de Interés: $I = prt$. $p = \$11,300$, $r = 4\% = 0.04$ y $t = 0.75$ (9 meses es $\dfrac{3}{4}$ de año). Luego: $I = 11,300 \times 0.04 \times 0.75 = \$339$)

6) $600.00 (Usa Fórmula de Interés: $I = prt$ ($p = \$2,400$, $r = 5\% = \dfrac{5}{100} = 0.05$ y $t = 5$) Luego: $I = 2,400 \times 0.05 \times 5 = \$600$)

7) $456.00 (Usa Fórmula de Interés: $I = prt$ ($p = \$950$, $r = 6\% = \dfrac{6}{100} = 0.06$ y $t = 8$) Luego: $I = 950 \times 0.06 \times 8 = \$456$)

8) $228.00 (Usa Fórmula de Interés: $I = prt$ ($p = \$3,800$, $r = 2\% = \dfrac{2}{100} = 0.02$ y $t = 3$) Luego: $I = 3,800 \times 0.02 \times 3 = \$228$)

6 Exponentes y Variables

Temas matemáticos que aprenderás en este capítulo:

- ☑ Propiedad de Multiplicación de Exponentes
- ☑ Propiedad de División de Exponentes
- ☑ Potencias de Productos y Cocientes
- ☑ Exponentes Cero y Negativo
- ☑ Exponentes Negativos y Bases Negativas
- ☑ Notación Científica
- ☑ Radicales

48

Propiedad de Multiplicación de Exponentes

- Los exponentes son la abreviatura de la multiplicación repetida del mismo número por sí mismo. Por ejemplo, en lugar de 2×2, podemos escribir 2^2. Para $3 \times 3 \times 3 \times 3$, podemos escribir 3^4

- En álgebra, una variable es una letra que se usa para representar un número. Las letras más comunes son: x, y, z, a, b, c, m, y n.

- Reglas de los exponentes: $x^a \times x^b = x^{a+b}$, $\frac{x^a}{x^b} = x^{a-b}$

$$(x^a)^b = x^{a \times b} \qquad (xy)^a = x^a \times y^a \qquad \left(\frac{a}{b}\right)^c = \frac{a^c}{b^c}$$

Ejemplos:

Ejemplo 1. Multiplica. $2x^2 \times 3x^4$

Solución: Usa las reglas de Exponente: $x^a \times x^b = x^{a+b} \rightarrow x^2 \times x^4 = x^{2+4} = x^6$
Entonces: $2x^2 \times 3x^4 = 6x^6$

Ejemplo 2. Simplifica. $(x^4y^2)^2$

Solución: Usa las reglas de Exponente: $(x^a)^b = x^{a \times b}$.
Entonces: $(x^4y^2)^2 = x^{4 \times 2}y^{2 \times 2} = x^8y^4$

Práctica:

✎ *Simplifica y escribe la respuesta en forma exponencial.*

1) $x^3 \times 4x =$

2) $x \times 3x^5 =$

3) $3x^3 \times 6x^4 =$

4) $7yx^4 \times 4x =$

5) $2x^5 \times y^3x^3 =$

6) $y^3x^4 \times y^8x^6 =$

7) $6yx^5 \times 3x^7y^3 =$

8) $9x^6 \times 4x^8y^2 =$

Propiedad de División de Exponentes

Para la división de exponentes use las siguientes fórmulas:

- $\frac{x^a}{x^b} = x^{a-b}$ $(x \neq 0)$

- $\frac{x^a}{x^b} = \frac{1}{x^{b-a}}$, $(x \neq 0)$

- $\frac{1}{x^b} = x^{-b}$

Ejemplos:

Ejemplo 1. Simplifica. $\frac{16x^3y}{2xy^2} =$

Solución: Primero, cancela el factor común: $2 \rightarrow \frac{16x^3y}{2xy^2} = \frac{8x^3y}{xy^2}$

Usa las reglas de Exponente: $\frac{x^a}{x^b} = x^{a-b} \rightarrow \frac{x^3}{x} = x^{3-1} = x^2$ y $\frac{x^a}{x^b} = \frac{1}{x^{b-a}} \rightarrow \frac{y}{y^2} = \frac{1}{y^{2-1}} = \frac{1}{y}$

Entonces: $\frac{16x^3y}{2xy^2} = \frac{8x^2}{y}$

Ejemplo 2. Simplifica. $\frac{7x^4y^2}{28x^3y} =$

Solución: Primero, cancela el factor común: $7 \rightarrow \frac{x^4y^2}{4x^3y}$

Usa las reglas de Exponente: $\frac{x^a}{x^b} = x^{a-b} \rightarrow \frac{x^4}{x^3} = x^{4-3} = x$ and $\frac{y^2}{y} = y$

Entonces: $\frac{7x^4y^2}{28x^3y} = \frac{xy}{4}$

Práctica:

✎ *Simplifica.*

1) $\frac{4^5 \times 4^8}{4^7 \times 4^4} =$

2) $\frac{8x^8}{24x} =$

3) $\frac{8y^5}{3y^{12}} =$

4) $\frac{8x^4}{24x^9} =$

5) $\frac{21x^{32}}{7y^{21}} =$

6) $\frac{49xy^{13}}{56y^7} =$

7) $\frac{5x^7}{16x} =$

8) $\frac{63x^6y^4}{9x^9} =$

9) $\frac{15x^5y^6}{20x^{11}y^9} =$

Potencias de Productos y Cocientes

- Para cualquier número distinto de cero a y b y cualquier entero x, $(ab)^x = a^x \times b^x$

  y $\left(\frac{a}{b}\right)^c = \frac{a^c}{b^c}$

Ejemplos:

Ejemplo 1. Simplifica. $(3x^3y^2)^2$

Solución: Usa las reglas de Exponente: $(x^a)^b = x^{a \times b}$

$(3x^3y^2)^2 = (3)^2(x^3)^2(y^2)^2 = 9x^{3\times2}y^{2\times2} = 9x^6y^4$

Ejemplo 2. Simplifica. $\left(\frac{2x^3}{3x^2}\right)^2$

Solución: Primero, cancela el factor común: $x \rightarrow \left(\frac{2x^3}{3x^2}\right) = \left(\frac{2x}{3}\right)^2$

Usa las reglas de Exponente: $\left(\frac{a}{b}\right)^c = \frac{a^c}{b^c}$, Entonces: $\left(\frac{2x}{3}\right)^2 = \frac{(2x)^2}{(3)^2} = \frac{4x^2}{9}$

Práctica:

✍ *Simplifica.*

1) $(5x^3y^4)^3 =$

2) $(4x^6 \times 3x)^4 =$

3) $(3x^3y^7)^4 =$

4) $(5x \times 5y^5)^3 =$

5) $\left(\frac{9x^3}{x^4}\right)^3 =$

6) $\left(\frac{x^3y^5}{x^6y^2}\right)^6 =$

7) $\left(\frac{xy^4}{x^5y^3}\right)^4 =$

8) $\left(\frac{2xy^3}{x^4}\right)^5 =$

bit.ly/34CgPJm

Find more at

Exponentes Cero y Negativos

- Regla del exponente cero: $a^0 = 1$, esto significa que cualquier cosa elevada a la potencia cero es 1. Por ejemplo: $(5xy)^0 = 1$ (el número cero es una excepción: $0^0 = 0$)

- Un exponente negativo simplemente significa que la base está en el lado equivocado de la línea fraccionaria, por lo que debes voltear la base al otro lado. Por ejemplo, "x^{-2}" (pronunciado como "ecks a menos dos") simplemente significa "x^2" pero debajo, como en $\frac{1}{x^2}$.

Ejemplos:

Example 1. Evalúa. $\left(\frac{4}{5}\right)^{-2} =$

Solución: Usar la regla del exponente negativo: $\left(\frac{x^a}{x^b}\right)^{-2} = \left(\frac{x^b}{x^a}\right)^2 \rightarrow \left(\frac{4}{5}\right)^{-2} = \left(\frac{5}{4}\right)^2$
Entonces: $\left(\frac{5}{4}\right)^2 = \frac{5^2}{4^2} = \frac{25}{16}$

Example 2. Evalúa. $\left(\frac{a}{b}\right)^0 =$

Solución: Usar la regla del exponente cero: $a^0 = 1$
Entonces: $\left(\frac{a}{b}\right)^0 = 1$

Práctica:

Evalúa las siguientes expresiones.

1) $3^{-4} =$

2) $5^{-2} =$

3) $4^{-3} =$

4) $10^{-5} =$

5) $10^{-7} =$

6) $\left(\frac{1}{4}\right)^{-2} =$

7) $\left(\frac{3}{2}\right)^{-2} =$

8) $\left(\frac{1}{2}\right)^0 =$

Exponentes Negativos y Bases Negativas

- Un exponente negativo es el recíproco de ese número con un exponente positivo. $(3)^{-2} = \frac{1}{3^2}$

- Para simplificar un exponente negativo, ¡haz que la potencia sea positiva!

- ¡El paréntesis es importante! -5^{-2} no es lo mismo que $(-5)^{-2}$

$$-5^{-2} = -\frac{1}{5^2} \text{ y } (-5)^{-2} = +\frac{1}{5^2}$$

Ejemplos:

Example 1. Simplifica. $\left(\frac{2a}{3c}\right)^{-2} =$

Solución: Usa la regla del exponente negativo: $\left(\frac{x^a}{x^b}\right)^{-2} = \left(\frac{x^b}{x^a}\right)^2 \rightarrow \left(\frac{2a}{3c}\right)^{-2} = \left(\frac{3c}{2a}\right)^2$

Ahora usa la regla del exponente: $\left(\frac{a}{b}\right)^c = \frac{a^c}{b^c} \rightarrow \left(\frac{3c}{2a}\right)^2 = \frac{3^2 c^2}{2^2 a^2}$

Entonces: $\frac{3^2 c^2}{2^2 a^2} = \frac{9c^2}{4a^2}$

Example 2. Simplifica. $\left(\frac{x}{4y}\right)^{-3} =$

Solución: Usa la regla del exponente negativo: $\left(\frac{x^a}{x^b}\right)^{-3} = \left(\frac{x^b}{x^a}\right)^3 \rightarrow \left(\frac{x}{4y}\right)^{-3} = \left(\frac{4y}{x}\right)^3$

Ahora usa la regla del exponente: $\left(\frac{a}{b}\right)^c = \frac{a^c}{b^c} \rightarrow \left(\frac{4y}{x}\right)^3 = \frac{4^3 y^3}{x^3} = \frac{64y^3}{x^3}$

Práctica:

✏️ *Simplifica.*

1) $-7x^{-3}y^{-2} =$

2) $17x^{-1}y^{-7} =$

3) $8a^{-5}b^{-3} =$

4) $-10a^{-2}b^{-9} =$

5) $-\frac{16}{x^{-3}} =$

6) $\frac{12b}{-6c^{-2}} =$

Notación Científica

- La notación científica se usa para escribir números muy grandes o muy pequeños en forma decimal.

- En notación científica, todos los números se escriben en la forma: $m \times 10^n$, donde m es mayor que 1 y menor que 10.

- Para convertir un número de notación científica a forma estándar, mueva el punto decimal hacia la izquierda (si el exponente de diez es un número negativo) o hacia la derecha (si el exponente es positivo).

Ejemplos:

Ejemplo 1. Escribe 0.00024 en notación científica.

Solución: Primero, mueve el punto decimal a la derecha para que tengas un número entre 1 y 10. Ese número es 2.4. Ahora, determine cuántos lugares se movió el decimal en el paso 1 por la potencia de 10. Movimos el punto decimal 4 dígitos a la derecha. Entonces: $10^{-4} \to$ Cuando el decimal se movió a la derecha, el exponente es negativo. Entonces: $0.00024 = 2.4 \times 10^{-4}$

Ejemplo 2. Escribe 3.8×10^{-5} en notación estándar.

Solución: El exponente es 5 *negativo*. Entonces, mueve el punto decimal cinco dígitos a la izquierda. (Recuerde $3.8 = 0000003.8$) Cuando el decimal se movió a la derecha, el exponente es negativo. Entonces: $3.8 \times 10^{-5} = 0.000038$

Práctica: ✍ *Escribe cada numero en notacion cientifica.*

1) $0.00004869 =$ 3) $67,000,000 =$

2) $0.00289 =$ 4) $943,000 =$

✍ *Escribe cada numero en notacion estándar.*

5) $5 \times 10^{-5} =$ 7) $3.4 \times 10^{-6} =$

6) $3.2 \times 10^{-4} =$ 8) $6.8 \times 10^{-7} =$

bit.ly/3nOwJYP

Find more at

Radicales

- Si n es un entero positive y x es un número real, Entonces: $\sqrt[n]{x} = x^{\frac{1}{n}}$,

$$\sqrt[n]{xy} = x^{\frac{1}{n}} \times y^{\frac{1}{n}}, \ \sqrt[n]{\frac{x}{y}} = \frac{x^{\frac{1}{n}}}{y^{\frac{1}{n}}}, \text{ y } \sqrt[n]{x} \times \sqrt[n]{y} = \sqrt[n]{xy}$$

- Una raíz cuadrada de x es un número r cuyo cuadrado es: $r^2 = x$ (r es una raíz cuadrada de x)

- Para sumar y restar radicales, necesitamos tener los mismos valores debajo del radical. Por ejemplo: $\sqrt{3} + \sqrt{3} = 2\sqrt{3}$, $3\sqrt{5} - \sqrt{5} = 2\sqrt{5}$

Ejemplos:

Ejemplo 1. Find the square root of $\sqrt{121}$.

Solución: First, factor the number: $121 = 11^2$, Entonces: $\sqrt{121} = \sqrt{11^2}$,
Ahora usa la regla radical: $\sqrt[n]{a^n} = a$. Entonces: $\sqrt{121} = \sqrt{11^2} = 11$

Ejemplo 2. Evalúa. $\sqrt{4} \times \sqrt{16} =$

Solución: Encuentre los valores de $\sqrt{4}$ y $\sqrt{16}$. Entonces: $\sqrt{4} \times \sqrt{16} = 2 \times 4 = 8$

Ejemplo 3. Resuelve. $5\sqrt{2} + 9\sqrt{2}$.

Solución: Como tenemos los mismos valores debajo del radical, podemos sumar estos dos radicales: $5\sqrt{2} + 9\sqrt{2} = 14\sqrt{2}$

Práctica:

✎ *Evalúa.*

1) $\sqrt{36} \times \sqrt{81} =$ _____

2) $\sqrt{3} \times \sqrt{27} =$ _____

3) $\sqrt{27} \times \sqrt{27} =$ _____

4) $\sqrt{125} + \sqrt{125} =$ _____

5) $6\sqrt{7} - 3\sqrt{7} =$ _____

6) $4\sqrt{10} \times 2\sqrt{10} =$ _____

7) $7\sqrt{2} \times 3\sqrt{2} =$ _____

8) $7\sqrt{5} - \sqrt{20} =$ _____

Capítulo 6: Respuestas

Propiedad de Multiplicación de Exponentes

1) $4x^4$ (Usa las reglas de Exponente: $x^a \times x^b = x^{a+b} \rightarrow x^3 \times x = x^{3+1} = x^4$.

Entonces: $x^3 \times 4x = 4x^4$)

2) $3x^6$ (Usa las reglas de Exponente: $x^a \times x^b = x^{a+b} \rightarrow x \times x^5 = x^{1+5} = x^6$.

Entonces: $x \times 3x^5 = 3x^6$)

3) $18x^7$ (Usa las reglas de Exponente: $x^a \times x^b = x^{a+b} \rightarrow x^3 \times x^4 = x^{3+4} = x^7$.

Entonces: $3x^3 \times 6x^4 = 18x^7$)

4) $28yx^5$ (Usa las reglas de Exponente: $x^a \times x^b = x^{a+b} \rightarrow yx^4 \times x = yx^{4+1} = yx^5$.

Entonces: $7yx^4 \times 4x = 28yx^5$)

5) $2x^8y^3$ (Usa las reglas de Exponente: $x^a \times x^b = x^{a+b} \rightarrow x^5 \times y^3x^3 = x^{5+3}y^3 = x^8y^3$. Entonces: $2x^5 \times y^3x^3 = 2x^8y^3$)

6) $y^{11}x^{10}$ (Usa las reglas de Exponente: $x^a \times x^b = x^{a+b} \rightarrow y^3x^4 \times y^8x^6 = y^{3+8}x^{4+6} = y^{11}x^{10}$)

7) $18x^{12}y^4$ (Usa las reglas de Exponente: $x^a \times x^b = x^{a+b} \rightarrow yx^5 \times x^7y^3 = x^{5+7}y^{1+3} = x^{12}y^4$. Entonces: $6yx^5 \times 3x^7y^3 = 18x^{12}y^4$)

8) $36x^{14}y^2$ (Usa las reglas de Exponente: $x^a \times x^b = x^{a+b} \rightarrow x^6 \times x^8y^2 = x^{6+8}y^2 = x^{14}y^2$. Entonces: $9x^6 \times 4x^8y^2 = 36x^{14}y^2$)

Propiedad de División de Exponentes

1) 16 (Usa las reglas de Exponente: $x^a \times x^b = x^{a+b} \rightarrow 4^5 \times 4^8 = 4^{5+8} = 4^{13}$ and

$4^7 \times 4^4 = 4^{7+4} = 4^{11}$. Usa las reglas de Exponente: $\frac{x^a}{x^b} = x^{a-b} \rightarrow \frac{4^{13}}{4^{11}} = 4^{13-11} = 4^2 = 16$)

2) $\frac{x^7}{3}$ (Cancelar el factor común: $8 \rightarrow \frac{8x^8}{24x} = \frac{x^8}{3x}$. Usa las reglas de Exponente: $\frac{x^a}{x^b} = x^{a-b} \rightarrow \frac{x^8}{x} = x^{8-1} = x^7$. Entonces: $\frac{8x^8}{24x} = \frac{x^7}{3}$)

3) $\frac{8}{3y^7}$ (Usa las reglas de Exponente: $\frac{x^a}{x^b} = \frac{1}{x^{b-a}} \rightarrow \frac{y^5}{y^{12}} = \frac{1}{y^{12-5}} = \frac{1}{y^7}$. Entonces: $\frac{8y^5}{3y^{12}} = \frac{8}{3y^7}$)

4) $\frac{1}{3x^5}$ (Cancelar el factor común: $8 \rightarrow \frac{8x^4}{24x^9} = \frac{x^4}{3x^9}$. Usa las reglas de Exponente: $\frac{x^a}{x^b} = \frac{1}{x^{b-a}} \rightarrow \frac{x^4}{x^9} = \frac{1}{x^{9-4}} = \frac{1}{x^5}$. Entonces: $\frac{8x^4}{24x^9} = \frac{1}{3x^5}$)

5) $\frac{3x^{32}}{y^{21}}$ (Cancelar el factor común: $7 \rightarrow \frac{21x^{32}}{7y^{21}} = \frac{3x^{32}}{y^{21}}$)

6) $\frac{7xy^6}{8}$ (Cancelar el factor común: $7 \rightarrow \frac{49xy^{13}}{56y^7} = \frac{7xy^{13}}{8y^7}$. Usa las reglas de Exponente: $\frac{x^a}{x^b} = x^{a-b} \rightarrow \frac{y^{13}}{y^7} = y^{13-7} = y^6$. Entonces: $\frac{49xy^{13}}{57y^7} = \frac{7xy^6}{8}$)

7) $\frac{5x^6}{16}$ (Usa las reglas de Exponente: $\frac{x^a}{x^b} = x^{a-b} \rightarrow \frac{x^7}{x} = x^{7-1} = x^6$. Entonces: $\frac{5x^7}{16x} = \frac{5x^6}{16}$)

8) $\frac{7y^4}{x^3}$ (Cancelar el factor común: $9 \rightarrow \frac{63x^6y^4}{9x^9} = \frac{7x^6y^4}{x^9}$. Usa las reglas de Exponente: $\frac{x^a}{x^b} = \frac{1}{x^{b-a}} \rightarrow \frac{x^6}{x^9} = \frac{1}{x^{9-6}} = \frac{1}{x^3}$. Entonces: $\frac{63x^6y^4}{9x^9} = \frac{7y^4}{x^3}$)

9) $\frac{3}{4x^6y^3}$ (Cancelar el factor común: $5 \rightarrow \frac{15x^5y^6}{20x^{11}y^9} = \frac{3x^5y^6}{4x^{11}y^9}$. Usa las reglas de Exponente: $\frac{x^a}{x^b} = \frac{1}{x^{b-a}} \rightarrow \frac{x^5}{x^{11}} = \frac{1}{x^{11-5}} = \frac{1}{x^6}$ y $\frac{y^6}{y^9} = \frac{1}{y^{9-6}} = \frac{1}{y^3}$. Entonces: $\frac{15x^5y^6}{20x^{11}y^9} = \frac{3}{4x^6y^3}$)

Potencias de Productos y Cocientes

1) $125x^9y^{12}$ (Usa las reglas de Exponente: $(x^a)^b = x^{a\times b} \rightarrow (5x^3y^4)^3 = (5)^3(x^3)^3(y^4)^3 = 125x^{3\times3}y^{4\times3} = 125x^9y^{12}$)

2) $20{,}736x^{28}$ (Usa las reglas de Exponente: $(x^a)^b = x^{a\times b} \rightarrow (4x^6 \times 3x)^4 = (4)^4(x^6)^4(3)^4(x)^4 = 256x^{6\times4}81x^4 = 256x^{24}81x^4 = 20{,}736x^{28}$)

3) $81x^{12}y^{28}$ (Usa las reglas de Exponente: $(x^a)^b = x^{a\times b} \rightarrow (3x^3y^7)^4 = (3)^4(x^3)^4(y^7)^4 = 81x^{12}y^{28}$)

4) $15{,}625x^3y^{15}$ (Usa las reglas de Exponente: $(x^a)^b = x^{a\times b} \rightarrow (5x \times 5y^5)^3 = (5)^3(x)^3 \times (5)^3(y^5)^3 = 125x^3 \times 125y^{5\times3} = 125x^3 \times 125y^{15} = 15{,}625x^3y^{15}$)

5) $\dfrac{729}{x^3}$ (Primero, cancela el factor común: $x \rightarrow \left(\dfrac{9x^3}{x^4}\right)^3 = \left(\dfrac{9}{x}\right)^3$. Usa las reglas de Exponente: $\left(\dfrac{a}{b}\right)^c = \dfrac{a^c}{b^c}$, Entonces: $\left(\dfrac{9}{x}\right)^3 = \dfrac{(9)^3}{(x)^3} = \dfrac{729}{x^3}$)y

6) $\dfrac{y^{18}}{x^{18}}$ (Primero, cancela el factor común: x y $y \rightarrow \left(\dfrac{x^3y^5}{x^6y^2}\right)^6 = \left(\dfrac{y^3}{x^3}\right)^6$. Usa las reglas de Exponente: $\left(\dfrac{a}{b}\right)^c = \dfrac{a^c}{b^c}$, Entonces: $\left(\dfrac{y^3}{x^3}\right)^6 = \dfrac{(y^3)^6}{(x^3)^6} = \dfrac{y^{3\times6}}{x^{3\times6}} = \dfrac{y^{18}}{x^{18}}$)

7) $\dfrac{y^4}{x^{16}}$ (Primero, cancela el factor común: x y $y \rightarrow \left(\dfrac{xy^4}{x^5y^3}\right)^4 = \left(\dfrac{y}{x^4}\right)^4$. Usa las reglas de Exponente: $\left(\dfrac{a}{b}\right)^c = \dfrac{a^c}{b^c}$, Entonces: $\left(\dfrac{y}{x^4}\right)^4 = \dfrac{(y)^4}{(x^4)^4} = \dfrac{y^4}{x^{4\times4}} = \dfrac{y^4}{x^{16}}$)

8) $\dfrac{32y^{15}}{x^{15}}$ (Primero, cancela el factor común: $x \rightarrow \left(\dfrac{2xy^3}{x^4}\right)^5 = \left(\dfrac{2y^3}{x^3}\right)^5$. Usa las reglas de Exponente: $\left(\dfrac{a}{b}\right)^c = \dfrac{a^c}{b^c}$, Entonces: $\left(\dfrac{2y^3}{x^3}\right)^5 = \dfrac{(2)^5(y^3)^5}{(x^3)^5} = \dfrac{32y^{3\times5}}{x^{3\times5}} = \dfrac{32y^{15}}{x^{15}}$)

Exponentes Cero y Negativos

1) $\dfrac{1}{81}$ (Usa la regla del exponente negativo: $\left(\dfrac{x^a}{x^b}\right)^{-2} = \left(\dfrac{x^b}{x^a}\right)^2 \rightarrow 3^{-4} = \left(\dfrac{1}{3}\right)^4$. Entonces: $\left(\dfrac{1}{3}\right)^4 = \dfrac{1^4}{3^4} = \dfrac{1}{81}$)

2) $\dfrac{1}{25}$ (Usa la regla del exponente negativo: $\left(\dfrac{x^a}{x^b}\right)^{-2} = \left(\dfrac{x^b}{x^a}\right)^2 \rightarrow 5^{-2} = \left(\dfrac{1}{5}\right)^2$. Entonces: $\left(\dfrac{1}{5}\right)^2 = \dfrac{1^2}{5^2} = \dfrac{1}{25}$)

3) $\frac{1}{64}$ (Usa la regla del exponente negativo: $\left(\frac{x^a}{x^b}\right)^{-2} = \left(\frac{x^b}{x^a}\right)^2 \rightarrow 4^{-3} = \left(\frac{1}{4}\right)^3$. Entonces: $\left(\frac{1}{4}\right)^3 = \frac{1^3}{4^3} = \frac{1}{64}$)

4) $\frac{1}{100,000}$ (Usa la regla del exponente negativo: $\left(\frac{x^a}{x^b}\right)^{-2} = \left(\frac{x^b}{x^a}\right)^2 \rightarrow 10^{-5} = \left(\frac{1}{10}\right)^5$. Entonces: $\left(\frac{1}{10}\right)^5 = \frac{1^5}{10^5} = \frac{1}{100,000}$)

5) $\frac{1}{10,000,000}$ (Usa la regla del exponente negativo: $\left(\frac{x^a}{x^b}\right)^{-2} = \left(\frac{x^b}{x^a}\right)^2 \rightarrow 10^{-7} = \left(\frac{1}{10}\right)^7$. Entonces: $\left(\frac{1}{10}\right)^7 = \frac{1^7}{10^7} = \frac{1}{10,000,000}$)

6) 16 (Usa la regla del exponente negativo: $\left(\frac{x^a}{x^b}\right)^{-2} = \left(\frac{x^b}{x^a}\right)^2 \rightarrow \left(\frac{1}{4}\right)^{-2} = \left(\frac{4}{1}\right)^2$. Entonces: $\left(\frac{4}{1}\right)^2 = \frac{4^2}{1^2} = \frac{16}{1} = 16$)

7) $\frac{4}{9}$ (Usa la regla del exponente negativo: $\left(\frac{x^a}{x^b}\right)^{-2} = \left(\frac{x^b}{x^a}\right)^2 \rightarrow \left(\frac{3}{2}\right)^{-2} = \left(\frac{2}{3}\right)^2$. Entonces: $\left(\frac{2}{3}\right)^2 = \frac{2^2}{3^2} = \frac{4}{9}$)

8) 1 (Usar la regla del exponente cero: $a^0 = 1$. Entonces: $\left(\frac{a}{b}\right)^0 = 1 \rightarrow \left(\frac{1}{2}\right)^0 = 1$)

Exponentes Negativos y Bases Negativas

1) $-\frac{7}{x^3 y^2}$ (Usa la regla del exponente negativo: $\left(\frac{x^a}{x^b}\right)^{-2} = \left(\frac{x^b}{x^a}\right)^2 \rightarrow -7x^{-3}y^{-2} = -7\left(\frac{1}{x}\right)^3\left(\frac{1}{y}\right)^2$. Ahora usa la regla del exponente: $\left(\frac{a}{b}\right)^c = \frac{a^c}{b^c} \rightarrow -7\left(\frac{1}{x}\right)^3\left(\frac{1}{y}\right)^2 = -7\frac{1^2 \times 1^2}{x^3 y^2} \rightarrow -\frac{7}{x^3 y^2}$)

2) $\frac{17}{xy^7}$ (Usa la regla del exponente negativo: $\left(\frac{x^a}{x^b}\right)^{-2} = \left(\frac{x^b}{x^a}\right)^2 \rightarrow 17x^{-1}y^{-7} = 17\frac{1}{x}\left(\frac{1}{y}\right)^7$. Ahora usa la regla del exponente: $\left(\frac{a}{b}\right)^c = \frac{a^c}{b^c} \rightarrow 17\frac{1}{x}\left(\frac{1}{y}\right)^7 =$

$17\frac{1\times1^7}{xy^7} \rightarrow \frac{17}{xy^7}$

3) $\frac{8}{a^5b^3}$ (Usa la regla del exponente negativo: $\left(\frac{x^a}{x^b}\right)^{-2} = \left(\frac{x^b}{x^a}\right)^{2} \rightarrow 8a^{-5}b^{-3} =$ $8\left(\frac{1}{a}\right)^5\left(\frac{1}{b}\right)^3$. Ahora usa la regla del exponente: $\left(\frac{a}{b}\right)^c = \frac{a^c}{b^c} \rightarrow 8\left(\frac{1}{a}\right)^5\left(\frac{1}{b}\right)^3 =$ $8\frac{1^5\times1^3}{a^5b^3} \rightarrow \frac{8}{a^5b^3}$)

4) $-\frac{10}{a^2b^9}$ (Usa la regla del exponente negativo: $\left(\frac{x^a}{x^b}\right)^{-2} = \left(\frac{x^b}{x^a}\right)^{2} \rightarrow -10a^{-2}b^{-9} =$

$-10\left(\frac{1}{a}\right)^{2}\left(\frac{1}{b}\right)^{9}$. Ahora usa la regla del exponente: $\left(\frac{a}{b}\right)^{c} = \frac{a^c}{b^c} \rightarrow -10\left(\frac{1}{a}\right)^{2}\left(\frac{1}{b}\right)^{9} =$

$-10\frac{1^2 \times 1^9}{x^2 y^9} \rightarrow -\frac{10}{a^2 b^9}$)

5) $-16x^3$ (Usa la regla del exponente negativo: $\left(\frac{x^a}{x^b}\right)^{-2} = \left(\frac{x^b}{x^a}\right)^{2} \rightarrow -\frac{16}{x^{-3}} = -\frac{16}{\left(\frac{1}{x}\right)^{3}}.$

Ahora usa la regla del exponente: $\left(\frac{a}{b}\right)^{c} = \frac{a^c}{b^c} \rightarrow -\frac{16}{\left(\frac{1}{x}\right)^{3}} = -\frac{16}{\frac{1^3}{x^3}} \rightarrow -\frac{16}{\frac{1}{x^3}} \rightarrow -16x^3$)

6) $-2bc^2$ (Primero Simplifica la fracción: $\frac{12b}{-6c^{-2}} = -\frac{2b}{c^{-2}}.$ Ahora usa la regla del

exponente negativo: $\left(\frac{x^a}{x^b}\right)^{-2} = \left(\frac{x^b}{x^a}\right)^{2} \rightarrow -\frac{2b}{c^{-2}} = -\frac{2b}{\left(\frac{1}{c}\right)^{2}}.$ Ahora usa la regla del

exponente:

$\left(\frac{a}{b}\right)^{c} = \frac{a^c}{b^c} \rightarrow -\frac{2b}{\left(\frac{1}{c}\right)^{2}} = \frac{2b}{\frac{1^2}{c^2}} \rightarrow -\frac{2b}{\frac{1}{c^2}} \rightarrow -2bc^2$)

Notación Cientifica

1) 4.869×10^{-5} (Primero, mueve el punto decimal a la derecha para que tengas un número entre 1 y 10. Ese número es 4.869. Ahora, determine cuántos lugares se movió el decimal en el paso 1 por la potencia de 10. Movimos el punto decimal 5 dígitos a la derecha. Entonces: $10^{-5} \rightarrow$ Cuando el decimal se movió a la derecha, el exponente es negativo. Entonces: $0.00004869 = 4.869 \times 10^{-5}$)

2) 2.89×10^{-3} (Primero, mueve el punto decimal a la derecha para que tengas un número entre 1 y 10. Ese número es 2.89. Ahora, determine cuántos lugares se movió el decimal en el paso 1 por la potencia de 10. Movimos el punto decimal 3 dígitos a la derecha. Entonces: $10^{-3} \rightarrow$ Cuando el decimal se movió a la derecha, el exponente es negativo. Entonces: $0.00289 = 2.89 \times 10^{-3}$)

3) 6.7×10^7 (Mueve el punto decimal a la izquierda para que tengas un número entre 1 y 10. Ese número es 6.7. Ahora, determine cuántos lugares se movió el decimal en el paso 1 por la potencia de 10. Movimos el punto decimal 7 dígitos a la derecha. Entonces: $10^7 \rightarrow$ Cuando el decimal se movió a la izquierda, el exponente es positivo. Entonces: $67{,}000{,}000 = 6.7 \times 10^7$)

4) 9.43×10^5 (Mueve el punto decimal a la izquierda para que tengas un número entre 1 y 10. Ese número es 9.43. Ahora, determine cuántos lugares se movió el decimal en el paso 1 por la potencia de 10. Movimos el punto decimal 5 dígitos a la derecha. Entonces: $10^5 \rightarrow$ Cuando el decimal se movió a la izquierda, el exponente es positivo. Entonces: $943{,}000 = 9.43 \times 10^5$)

5) 0.00005 (El exponente es 5 *negativo*. Entonces, mueve el punto decimal cinco dígitos a la izquierda. Cuando el decimal se movió a la derecha, el exponente es negativo. Entonces: $5 \times 10^{-5} = 0.00005$)

6) 0.00032 (El exponente es negativo 4. Cuando el decimal se movió hacia la derecha, el exponente es negativo. Entonces: $3.2 \times 10^{-4} = 0.00032$)

7) 0.0000034 (El exponente es negativo 6. Cuando el decimal se movió hacia la derecha, el exponente es negativo. Entonces: $3.4 \times 10^{-6} = 0.0000034$)

8) 0.00000068 (El exponente es 7 *negativo*. Entonces, mueve el punto decimal cinco dígitos a la izquierda. Cuando el decimal se movió a la derecha, el exponente es negativo. Entonces: $6.8 \times 10^{-7} = 0.00000068$)

Radicales

1) 54 (Busca los valores de $\sqrt{36}$ y $\sqrt{81}$. Entonces: $\sqrt{36} \times \sqrt{81} = 6 \times 9 = 54$)

2) 9 (Usa esta regla radical: $\sqrt[n]{x} \times \sqrt[n]{y} = \sqrt[n]{xy} \rightarrow \sqrt{3} \times \sqrt{27} = \sqrt{81}$. La raíz cuadrada de 81 es 9. Entonces: $\sqrt{3} \times \sqrt{27} = \sqrt{81} = 9$)

3) 27 (Usa esta regla radical: $\sqrt[n]{x} \times \sqrt[n]{y} = \sqrt[n]{xy} \rightarrow \sqrt{27} \times \sqrt{27} = \sqrt{27 \times 27} = \sqrt{(27)^2}$. Ahora usa la regla radical: $\sqrt[n]{a^n} = a$. Entonces: $\sqrt{27^2} = 27$)

4) $2\sqrt{125}$ (Como tenemos los mismos valores bajo el radical, podemos sumar estos dos radicales: $\sqrt{125} + \sqrt{125} = 2\sqrt{125}$)

5) $3\sqrt{7}$ (Como tenemos los mismos valores bajo el radical, podemos restar estos dos radicales: $6\sqrt{7} - 3\sqrt{7} = 3\sqrt{7}$)

6) 80 (Usa esta regla radical: $\sqrt[n]{x} \times \sqrt[n]{y} = \sqrt[n]{xy} \rightarrow \sqrt{10} \times \sqrt{10} = \sqrt{10 \times 10} = \sqrt{10^2}$. Ahora usa la regla radical: $\sqrt[n]{a^n} = a \rightarrow \sqrt{10^2} = 10$. Entonces: $4\sqrt{10} \times 2\sqrt{10} = 4 \times 2 \times 10 = 80$)

7) 42 (Usa esta regla radical: $\sqrt[n]{x} \times \sqrt[n]{y} = \sqrt[n]{xy} \rightarrow \sqrt{2} \times \sqrt{2} = \sqrt{2 \times 2} = \sqrt{2^2}$. Ahora usa la regla radical: $\sqrt[n]{a^n} = a \rightarrow \sqrt{2^2} = 2$. Entonces: $7\sqrt{2} \times 3\sqrt{2} = 7 \times 3 \times 2 = 42$)

8) $5\sqrt{5}$ (Factoriza el número: $20 = 4 \times 5 = 2^2 \times 5$. Entonces: $\sqrt{20} = \sqrt{2^2 \times 5} = 2\sqrt{5}$. Ahora tenemos los mismos valores debajo del radical y podemos restar estos dos radicales: $7\sqrt{5} - \sqrt{20} = 7\sqrt{5} - 2\sqrt{5} = 5\sqrt{5}$)

CAPÍTUL

7

Expressions and Variables

Math topics that you'll learn in this Capítulo:

- ☑ Simplificaing Variable Expressions
- ☑ Simplificaing Polynomial Expressions
- ☑ The Distributive Property
- ☑ Evaluating One Variable
- ☑ Evaluating Two Variables

64

Simplificación de Expresiones Variables

- En álgebra, una variable es una letra que se usa para representar un número. Las letras más comunes son $x, y, z, a, b, c, m,$ y n.

- Una expresión algebraica es una expresión que contiene números enteros, variables y operaciones matemáticas como suma, resta, multiplicación, división, etc.

- En una expresión, podemos combinar términos "similares". (valores con misma variable y misma potencia).

Ejemplos:

Ejemplo 1. Simplifica. $(4x + 2x + 4) =$
Solución: En esta expresión hay tres términos: $4x, 2x,$ y 4. Dos términos son "términos semejantes": $4x$ y $2x$. Combinar términos semejantes. $4x + 2x = 6x$. Entonces: $(4x + 2x + 4) = 6x + 4$ (***recuerda que no puedes combinar variables y números.***)

Ejemplo 2. Simplifica. $-2x^2 - 5x + 4x^2 - 9 =$
Solución: Combinar términos "similares": $-2x^2 + 4x^2 = 2x^2$.
Entonces: $-2x^2 - 5x + 4x^2 - 9 = 2x^2 - 5x - 9$.

Práctica:

 Simplifica cada expresión.

1) $(-7x + 3x + 5 + 18) =$

2) $(12x - 8x + 31) =$

3) $-4x + 3 - 4x =$

4) $2x^3 + 9x^3 - 9 =$

5) $-13 - 2x^2 + 2 =$

6) $10x + (28x - 17) =$

7) $(5x^2 - 15) - 9x^2 =$

8) $6x^2 + 78x - 8x =$

Simplificación de Expresiones Polinómicas

- En matemáticas, un polinomio es una expresión que consta de variables y coeficientes que involucra solo las operaciones de suma, resta, multiplicación y exponentes enteros no negativos de variables.

$$P(x) = a_n x^n + a_{n-1} x^{n-1} + \ldots + a_2 x^2 + a_1 x + a_0$$

- Los polinomios siempre deben simplificarse tanto como sea posible. Significa que debe sumar todos los términos semejantes. (valores con misma variable y misma potencia)

Ejemplos:

Ejemplo 1. Simplifica estas expresiones polinómicas. $3x^2 - 6x^3 - 2x^3 + 4x^4$

Solución: Combinar términos "similares": $-6x^3 - 2x^3 = -8x^3$

Entonces: $3x^2 - 6x^3 - 2x^3 + 4x^4 = 3x^2 - 8x^3 + 4x^4$

Ahora, escribe la expresión en forma estándar: $3x^2 - 8x^3 + 4x^4 = 4x^4 - 8x^3 + 3x^2$

Ejemplo 2. Simplifica esta expresión. $(-5x^2 + 2x^3) - (3x^3 - 6x^2) =$

Solución: Primero, multiplica $(-)$ por $(3x^3 - 6x^2)$:

$(-5x^2 + 2x^3) - (3x^3 - 6x^2) = -5x^2 + 2x^3 - 3x^3 + 6x^2$

Entonces combine términos "similares": $-5x^2 + 2x^3 - 3x^3 + 6x^2 = x^2 - x^3$

Y escribe en forma estándar: $x^2 - x^3 = -x^3 + x^2$

Práctica:

✎ *Simplifica cada polinomio.*

1) $(5x^3 + x^2) - (11x + 3x^2) =$ _____

2) $(4x^4 + 3x^3) - (x^3 + 5x^2) =$ _____

3) $(9x^4 + 7x^2) - (2x^2 - 2x^4) =$ _____

4) $12x - 10x^2 - 3(3x^2 + 2x^3) =$ _____

5) $(10x^3 - 10) + 4(8x^2 - 5x^3) =$ _____

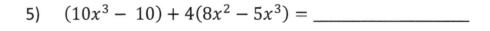

La Propiedad Distributiva

- La propiedad distributiva (o la propiedad distributiva de la multiplicación sobre la suma y la resta) simplifica y Resuelve expresiones en la forma de: $a(b + c)$ or $a(b - c)$

- La propiedad distributiva es multiplicar un término fuera del paréntesis por los términos dentro.

- Regla de propiedad distributiva: $a(b + c) = ab + ac$

Ejemplos:

Ejemplo 1. Simplemente usando la propiedad distributiva. $(-2)(x + 3)$

Solución: Usar la Regla de Propiedad Distributiva: $a(b + c) = ab + ac$

$(-2)(x + 3) = (-2 \times x) + (-2) \times (3) = -2x - 6$

Ejemplo 2. Simplemente. $(-5)(-2x - 6)$

Solución: Usar la Regla de Propiedad Distributiva: $a(b + c) = ab + ac$

$(-5)(-2x - 6) = (-5 \times -2x) + (-5) \times (-6) = 10x + 30$

Práctica:

🖎 *Usa la propiedad distributiva para simplificar cada expresión.*

1) $4(4 - 2x) =$

2) $5(2 + 3x) =$

3) $(-4)(2x - 6) =$

4) $(10x - 2)(-5) =$

5) $(-11)(x - 3) =$

6) $(3 + 2x)8 =$

7) $12(7 - 2x) =$

8) $-(-9 - 13x) =$

Evaluación de Una Variable

- Para Evalúa expresiones de una variable, busque la variable y sustituya un número por esa variable.

- Realizar las operaciones aritméticas.

Ejemplos:

Ejemplo 1. Calcula esta expresión para $x = 2$. $8 + 2x$

Solución: Primero, reemplaza 2 por x.

Entonces: $8 + 2x = 8 + 2(2)$

Ahora, usa el orden de la operación para encontrar la respuesta: $8 + 2(2) = 8 + 4 = 12$

Ejemplo 2. Evalúa esta expresión para $x = -1$. $4x - 8$

Solución: Primero, reemplaza -1 por x.

Entonces: $4x - 8 = 4(-1) - 8$

Ahora, usa el orden de la operación para encontrar la respuesta: $4(-1) - 8 = -4 - 8 = -12$

Práctica:

✎ *Evalúa each expression using the value given.*

1) $6 + x, x = 3$

2) $x - 11, x = 13$

3) $4x + 3, x = 2$

4) $5x - 13, x = -1$

5) $7 - x, x = 6$

6) $x + 5, x = 10$

7) $14x + 2, x = -3$

8) $x + (-9), x = -5$

Evaluación de Dos Variables

- Para evaluar una expresión algebraica, sustituye un número por cada variable.

- Realizar las operaciones aritméticas para hallar el valor de la expresión.

Ejemplos:

Ejemplo 1. Calcula esta expresión para $a = 2$ y $b = -1$. $(4a - 3b)$

Solución: Primero, reemplaza 2 por a, y -1 por b.

Entonces: $4a - 3b = 4(2) - 3(-1)$

Ahora, usa el orden de la operación para encontrar la respuesta.: $4(2) - 3(-1) = 8 + 3 = 11$

Ejemplo 2. Evalúa esta expresión para $x = -2$ y $y = 2$. $(3x + 6y)$

Solución: Reemplaza -2 por x, y 2 por y.

Entonces: $3x + 6y = 3(-2) + 6(2) = -6 + 12 = 6$

Práctica:

✍ *Evalúa cada expresión utilizando los valores dados.*

1) $5x + 3y$,

   $x = 2, y = 4$

2) $2x + 11y$,

   $x = 8, y = 1$

3) $8a + 7b$,

   $a = 1, b = 3$

4) $4x - y + 6$,

   $x = 4, y = 9$

5) $2a + 24 - 3b$,

   $a = -2, b = 2$

6) $3(6x - 2y)$,

   $x = 6, y = 8$

7) $14a + 4b$,

   $a = 2, b = 2$

8) $8x \div 2y$,

   $x = 3, y = 2$

Capítulo 7: Respuestas

Simplificación de Expresiones Variables

1) $-4x + 23$ (En esta expresión, hay cuatro términos: $-7x, 3x, 5$ y 18. Dos términos son "términos similares": $-7x$ y $3x$. También 5 y 18 son "términos similares". Combina términos similares. $-7x + 3x = -4x$ y $5 + 18 = 23$. Entonces:

   $(-7x + 3x + 5 + 18) = -4x + 23$.

2) $4x + 31$ (Combina términos "similares": $12x - 8x = 4x$. Entonces: $(12x - 8x + 31) = 4x + 31$.

3) $-8x + 3$ (Combina términos "similares": $-4x - 4x = -8x$. Entonces: $-4x + 3 - 4x = -8x + 3$)

4) $11x^3 - 9$ (Combina términos "similares": $2x^3 + 9x^3 = 11x^3$. Entonces: $2x^3 + 9x^3 - 9 = 11x^3 - 9$)

5) $-2x^2 - 11$ (Combina términos "similares": $-13 + 2 = -11$. Entonces: $-13 - 2x^2 + 2 = -11 - 2x^2$. Escribe en forma estándar (primero las potencias mayores): $-11 - 2x^2 = -2x^2 - 11$)

6) $38x - 17$ (Combina términos "similares": $10x + 28x = 38x$. Entonces:

   $10x + (28x - 17) = 38x - 17$)

7) $-4x^2 - 15$ (Combina términos "similares": $5x^2 - 9x^2 = -4x^2$. Entonces:

   $(5x^2 - 15) - 9x^2 = -4x^2 - 15$)

8) $6x^2 + 70x$ (Combina términos "similares":$78x - 8x = 70x$. Entonces:

   $6x^2 + 78x - 8x = 6x^2 + 70x$)

Simplificación de Expresiones Polinómicas

1) $5x^3 - 2x^2 - 11x$ (Primero, multiplica $(-)$ en $(11x + 3x^2)$: $(5x^3 + x^2) - (11x + 3x^2) = 5x^3 + x^2 - 11x - 3x^2$. Ahora combina términos "similares": $5x^3 + x^2 - 11x - 3x^2 = 5x^3 - 2x^2 - 11x$)

2) $4x^4 + 2x^3 - 5x^2$ (Primero, multiplica $(-)$ en $(x^3 + 5x^2)$: $(4x^4 + 3x^3) - (x^3 + 5x^2) = 4x^4 + 3x^3 - x^3 - 5x^2$. Ahora combina términos "similares": $4x^4 + 3x^3 - x^3 - 5x^2 = 4x^4 + 2x^3 - 5x^2$.)

3) $11x^4 + 5x^2$ (Primero, multiplica $(-)$ en $(2x^2 - 2x^4)$: $(9x^4 + 7x^2) - (2x^2 - 2x^4) = 9x^4 + 7x^2 - 2x^2 + 2x^4$. Ahora combina términos "similares": $9x^4 + 7x^2 - 2x^2 + 2x^4 = 11x^4 + 5x^2$.)

4) $-6x^3 - 19x^2 + 12x$ (Primero, multiplica (-3) en $(3x^2 + 2x^3)$: $12x - 10x^2 - 3(3x^2 + 2x^3) = 12x - 10x^2 - 9x^2 - 6x^3$. Ahora combina términos "similares": $12x - 10x^2 - 9x^2 - 6x^3 = 12x - 19x^2 - 6x^3$. Y escribe en forma estándar: $12x - 19x^2 - 6x^3 = -6x^3 - 19x^2 + 12x$)

5) $-10x^3 + 32x^2 - 10$ (Primero, multiplica (4) en $(8x^2 - 5x^3)$: $(10x^3 - 10) + 4(8x^2 - 5x^3) = 10x^3 - 10 + 32x^2 - 20x^3$. Ahora combina términos "similares": $10x^3 - 10 + 32x^2 - 20x^3 = -10x^3 - 10 + 32x^2$. Y escribe en forma estándar: $-10x^3 - 10 + 32x^2 = -10x^3 + 32x^2 - 10$)

La Propiedad Distributiva

1) $-8x + 16$ (Usar la Regla de Propiedad Distributiva: $a(b + c) = ab + ac \rightarrow$ $4(4 - 2x) = (4 \times 4) + (4) \times (-2x) = 16 - 8x$. Y escribe en forma estándar: $16 - 8x = -8x + 16$)

2) $15x + 10$ (Usar la Regla de Propiedad Distributiva: $a(b + c) = ab + ac \rightarrow$ $5(2 + 3x) = (5 \times 2) + (5) \times (3x) = 10 + 15x$. Y escribe en forma estándar: $10 + 15x = 15x + 10$)

3) $-8x + 24$ (Usar la Regla de Propiedad Distributiva: $a(b + c) = ab + ac \rightarrow$ $(-4)(2x - 6) = (-4) \times (2x) + (-4) \times (-6) = -8x + 24$.)

4) $-50x + 10$ (Usar la Regla de Propiedad Distributiva: $a(b + c) = ab + ac \rightarrow$ $(10x - 2)(-5) = (10x) \times (-5) + (-2) \times (-5) = -50x + 10$.)

5) $-11x + 33$ (Usar la Regla de Propiedad Distributiva: $a(b + c) = ab + ac \rightarrow (-11)(x - 3) = (-11) \times (x) + (-11) \times (-3) = -11x + 33$.)

6) $16x + 24$ (Usar la Regla de Propiedad Distributiva: $a(b + c) = ab + ac \rightarrow$ $(3 + 2x)8 = (3 \times 8) + (2x) \times (8) = 24 + 16x$. Y escribe en forma estándar: $24 + 16x = 16x + 24$)

7) $-24x + 84$ (Usar la Regla de Propiedad Distributiva: $a(b + c) = ab + ac \rightarrow$ $12(7 - 2x) = (12 \times 7) + (12) \times (-2x) = 84 - 24x$. Y escribe en forma estándar: $84 + 24x = -24x + 84$)

8) $13x + 9$ (Usar la Regla de Propiedad Distributiva: $a(b + c) = ab + ac \rightarrow$ $-(-9 - 13x) = (-1) \times (-9) + (-1) \times (13x) = 9 - 13x$. Y escribe en forma estándar: $9 - 13x = 13x + 9$)

Evaluating One Variable

1) 9 (Primero, reemplaza 3 por x. Entonces: $6 + x$, $x = 3 \rightarrow 6 + (3)$. Ahora, usa el orden de la operación para encontrar la respuesta.:$6 + (3) = 6 + 3 = 9$)

2) 2 (Primero, reemplaza 13 por x. Entonces: $x - 11$, $x = 13 \rightarrow (13) - 11$. Ahora, usa el orden de la operación para encontrar la respuesta:$(13) - 11 = 13 - 11 = 2$)

3) 11 (Primero, reemplaza 2 por x. Entonces: $4x + 3$, $x = 2 \rightarrow 4(2) + 3$. Ahora, usa el orden de la operación para encontrar la respuesta: $4(2) + 3 = 8 + 3 = 11$)

4) -18 (Primero, reemplaza -1 por x. Entonces: $5x - 13$, $x = -1 \rightarrow 5(-1) - 13$. Ahora, usa el orden de la operación para encontrar la respuesta: $5(-1) - 13 = -5 - 13 = -18$)

5) 1 (Primero, reemplaza 6 por x. Entonces: $7 - x$, $x = 6 \rightarrow 7 - (6)$. Ahora, usa el orden de la operación para encontrar la respuesta: $7 - (6) = 7 - 6 = 1$)

6) 15 (Primero, reemplaza 10 por x. Entonces: $x + 5$, $x = 10 \rightarrow (10) + 5$. Ahora, usa el orden de la operación para encontrar la respuesta: $(10) + 5 = 10 + 5 = 15$)

7) -40 (Primero, reemplaza -3 por x. Entonces:$14x + 2$, $x = -3 \rightarrow 14(-3) + 2$. Ahora, usa el orden de la operación para encontrar la respuesta: $14(-3) + 2 = -42 + 2 = -40$)

8) -14 (Primero, reemplaza -5 por x. Entonces: $x + (-9)$, $x = -5 \rightarrow (-5) + (-9)$. Ahora, usa el orden de la operación para encontrar la respuesta: $(-5) + (-9) = -5 - 9 = -14$)

Evaluating Two Variables

1) 22 (Primero, reemplaza 2 por x, y 4 por y. Entonces: $5x + 3y = 5(2) + 3(4)$. Ahora, usa el orden de la operación para encontrar la respuesta:$5(2) + 3(4) = 10 + 12 = 22$)

2) 27 (Primero, reemplaza 8 por x, y 1 por y. Entonces: $2x + 11y = 2(8) + 11(1)$. Ahora, usa el orden de la operación para encontrar la respuesta: $2(8) + 11(1) = 16 + 11 = 27$)

3) 29 (Primero, reemplaza 1 por a, y 3 por b. Entonces: $8a + 7b = 8(1) + 7(3)$. Ahora, usa el orden de la operación para encontrar la respuesta: $8(1) + 7(3) = 8 + 21 = 29$.)

4) 13 (Primero, reemplaza 4 por x, y 9 por y. Entonces: $4x - y + 6 = 4(4) - (9) + 6$. Ahora, usa el orden de la operación para encontrar la respuesta: $4(4) - (9) + 6 = 16 - 9 + 6 = 13$)

5) 14 (Primero, reemplaza -2 por a, y 2 por b. Entonces $2a + 24 - 3b = 2(-2) + 24 - 3(2)$. Ahora, usa el orden de la operación para encontrar la respuesta: $2(-2) + 24 - 3(2) = -4 + 24 - 6 = 14$)

6) 60 (Primero, reemplaza 6 por x, y 8 por y. Entonces $3(6x - 2y) = 3\big(6 \times (6) - 2(8)\big)$. Ahora, usa el orden de la operación para encontrar la respuesta: $3\big(6 \times (6) - 2(8)\big) = 3(36 - 16) = 3(20) = 60$)

7) 36 (Primero, reemplaza 2 por a, y 2 por b. Entonces $14a + 4b = 14(2) + 4(2)$. Ahora, usa el orden de la operación para encontrar la respuesta: $14(2) + 4(2) = 28 + 8 = 36$)

8) 6 (Primero, reemplaza 3 por x, y 2 por y. Entonces $8x \div 2y = 8(3) \div 2(2)$. Ahora, usa el orden de la operación para encontrar la respuesta: $8(3) \div 2(2) = 24 \div 4 = 6$)

CAPÍTULO

8 Equations and Inequalities

Temas matemáticos que aprenderás en este capítulo:

- ☑ Ecuaciones de un Paso
- ☑ Ecuaciones de Varios Pasos
- ☑ Sistema de Ecuaciones
- ☑ Representación gráfica de desigualdades de una sola variable
- ☑ Desigualdades de un paso
- ☑ Desigualdades de varios pasos

74

Ecuaciones de un Paso

- Los valores de dos expresiones en ambos lados de una ecuación son iguales. Ejemplo: $ax = b$. En esta ecuación, ax es igual a b.

- Resolver una ecuación significa encontrar el valor de la variable.

- Solo necesita realizar una operación matemática para resolver las ecuaciones de un paso.

- Para resolver una ecuación de un paso, encuentre la operación inversa (opuesta) que se está realizando.

- Las operaciones inversas son:

  ❖ Adición y sustracción

  ❖ Multiplicación y división

Ejemplos:

Ejemplo 1. Resuelve esta ecuación para x. $4x = 16 \rightarrow x =$?

Solución: Aquí, la operación es la multiplicación (la variable x se multiplica por 4) y su operación inversa es la división. Para resolver esta ecuación, divide ambos lados de la ecuación por 4: $4x = 16 \rightarrow \frac{4x}{4} = \frac{16}{4} \rightarrow x = 4$

Ejemplo 2. Resuelve esta ecuación . $x + 8 = 0 \rightarrow x =$?

Solución: En esta ecuación, se suma 8 a la variable x. La operación inversa de la suma es la resta. Para resolver esta ecuación, resta 8 de ambos lados de la ecuación: $x + 8 - 8 = 0 - 8$. Entonces: $x + 8 - 8 = 0 - 8 \rightarrow x = -8$

Práctica:

✍ *Resuelve cada ecuación .*

1) $26 = -8 + x, x =$ ____

2) $x - 12 = -38, x =$ ____

3) $x + 15 = -11, x =$ ____

4) $10 = x - 27, x =$ ____

5) $4 + x = -21, x =$ ____

6) $x - 7 = -33 \ x =$ ____

Ecuaciones de Varios Pasos

- Para resolver una ecuación de varios pasos, combina términos "similares" en un lado.
- Llevar variables a un lado sumando o restando.
- Simplifica utilizando el inverso de la suma o la resta.
- Simplifica aún más usando el inverso de la multiplicación o la división.
- Comprueba tu Solución reemplazando el valor de la variable en la ecuación original.

Ejemplos:

Ejemplos 1. Resuelve esta ecuación para x. $4x + 8 = 20 - 2x$

Solución: Primero, lleva las variables a un lado sumando 2x a ambos lados. Entonces:

$4x + 8 + 2x = 20 - 2x + 2x \rightarrow 4x + 8 + 2x = 20$.

Simplifica: $6x + 8 = 20$. Ahora, resta 8 de ambos lados de la ecuación.:

$6x + 8 - 8 = 20 - 8 \rightarrow 6x = 12 \rightarrow$ Divide ambos lados por 6:

$6x = 12 \rightarrow \dfrac{6x}{6} = \dfrac{12}{6} \rightarrow x = 2$

Comprobemos esta solución sustituyendo el valor de 2 por x en la ecuación original:

$x = 2 \rightarrow 4x + 8 = 20 - 2x \rightarrow 4(2) + 8 = 20 - 2(2) \rightarrow 16 = 16$

La respuesta $x = 2$ es correcta.

Ejemplos 2. Resuelve esta ecuación para x. $-5x + 4 = 24$

Solución: Resta 4 de ambos lados de la ecuación.

$-5x + 4 = 24 \rightarrow -5x + 4 - 4 = 24 - 4 \rightarrow -5x = 20$

Divide ambos lados por -5, Entonces: $-5x = 20 \rightarrow \frac{-5x}{-5} = \frac{20}{-5} \rightarrow x = -4$

Ahora, revisa la solución: $x = -4 \rightarrow -5x + 4 = 24 \rightarrow -5(-4) + 4 = 24 \rightarrow 24 = 24$

La respuesta $x = -4$ es correcta.

Práctica:

✍ *Resuelve cada ecuación.*

1) $-4(x + 5) = 16$

2) $3(4 + x) = 27$

3) $-36 + 2x = 14x$

4) $5x + 27 = -2x - 22$

5) $15 - 4x = -9 - 3x$

6) $19 - 6x = 10 + 3x$

Sistema de Ecuaciones

- Un sistema de ecuaciones contiene dos ecuaciones y dos variables. Por ejemplo, considere el sistema de ecuaciones: $x - y = 1$ y $x + y = 5$

- La forma más fácil de resolver un sistema de ecuaciones es usando el método de eliminación. El método de eliminación utiliza la propiedad de igualdad de la suma. Puedes sumar el mismo valor a cada lado de una ecuación.

- Para la primera ecuación anterior, puede agregar x+y al lado izquierdo y 5 al lado derecho de la primera ecuación: $x - y + (x + y) = 1 + 5$. Ahora, si simplificas, obtienes: $x - y + (x + y) = 1 + 5 \rightarrow 2x = 6 \rightarrow x = 3$. Ahora, sustituye la x por 3 en la primera ecuación: $3 - y = 1$. Al resolver esta ecuación, $y = 2$

Ejemplo:

¿Cuál es el valor de $x + y$ en este sistema de ecuaciones?
$$\begin{cases} 2x + 4y = 12 \\ 4x - 2y = -16 \end{cases}$$

Solución: Resolver un sistema de ecuaciones por eliminación:

Multiplica la primera ecuación por (-2), ahora sumalo a la segunda ecuacion.
$$\begin{aligned} -2(2x + 4y = 12) \\ 4x - 2y = -16 \end{aligned} \Rightarrow \begin{aligned} -4x - 8y = -24 \\ 4x - 2y = -16 \end{aligned} \Rightarrow (-4x) + 4x - 8y - 2y = -24 - 16 \Rightarrow$$

$-10y = -40 \Rightarrow y = 4$

Introduce el valor de y en una de las ecuaciones y resuelve para x.

$2x + 4(4) = 12 \Rightarrow 2x + 16 = 12 \Rightarrow 2x = -4 \Rightarrow x = -2$

Entonces, $x + y = -2 + 4 = 2$

Práctica:

✍ *Resuelva cada sistema de ecuaciones.*

1) $3x - y = 7$ $x = $ ____
    $2x + 3y = 1$ $y = $ ____

2) $x + y = 6$ $x = $ ____
    $-3x + y = 2$ $y = $ ____

3) $2x + 4y = -10$ $x = $ ____
    $6x + 3y = 6$ $y = $ ____

4) $2x + 2y = 26$ $x = $ ____
    $7x + 2y = 31$ $y = $ ____

bit.ly/3mPGO6k
Find more at

Graficación de Desigualdades de Una Sola Variable

- Una desigualdad compara dos expresiones usando un signo de desigualdad.
- Los signos de desigualdad son: "menor que " $<$, " mayor que " $>$, "menor que o igual a" $\leq$, y "mayor que o igual a" $\geq$.
- Para graficar una desigualdad de una sola variable, encuentra el valor de la desigualdad en la recta numérica.
- Para menor que ($<$) o mayor que ($>$) dibuje un círculo abierto sobre el valor de la variable. Si también hay un signo igual, entonces usa un círculo lleno.
- Dibuja una flecha a la derecha para mayor o a la izquierda para menor que.

Ejemplos:

Ejemplo 1. Dibuja un gráfico para esta desigualdad. $x > 2$

Solución: Como la variable es mayor que 2, entonces necesitamos encontrar 2 en la recta numérica y dibujar un círculo abierto sobre ella. Ahora, dibuja una flecha a la derecha.

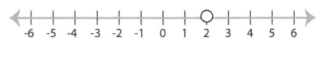

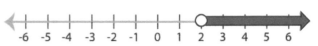

Ejemplo 2. Grafica esta desigualdad. $x \leq -3$.

Solución: Como la variable es menor o igual que -3, necesitamos encontrar -3 en la recta numérica y dibujar un círculo lleno sobre ella. Ahora, dibuja una flecha a la izquierda.

Práctica:

 Dibuja un gráfico para cada desigualdad.

1) $x > 4$

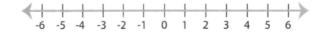

2) $x < 5$

3) $x \leq 0$

4) $x > -2$

Desigualdades de un Paso

- Una desigualdad compara dos expresiones usando un signo de desigualdad.
- Los signos de desigualdad son: "menor que " <, " mayor que " >, "menor que o igual a" ≤, y "mayor que o igual a" ≥.
- Solo necesita realizar una operación matemática para resolver las desigualdades de un paso.
- Para resolver desigualdades de un paso, encuentre la operación inversa (opuesta) que se está realizando.
- Para dividir o multiplicar ambos lados por números negativos, invierta la dirección del signo de desigualdad.

Ejemplos:

Ejemplo 1. Resuelva esta desigualdad para x. $x + 5 \geq 4$

Solución: La operación inversa (opuesta) de la suma es la resta. En esta desigualdad, 5 se agrega a x. Para aislar x necesitamos restar 5 de ambos lados de la desigualdad. Entonces: $x + 5 \geq 4 \rightarrow x + 5 - 5 \geq 4 - 5 \rightarrow x \geq -1$. La solución es: $x \geq -1$

Ejemplo 2. Resuelve. $-3x \leq 6$

Solución: -3 se multiplica por x. Divide ambos lados por -3. Recuerde que al dividir o multiplicar ambos lados de una desigualdad por números negativos, invierta la dirección del signo de desigualdad.

Entonces: $-3x \leq 6 \rightarrow \frac{-3x}{-3} \geq \frac{6}{-3} \rightarrow x \geq -2$

Práctica:

✎ *Resuelva cada desigualdad y grafíquela.*

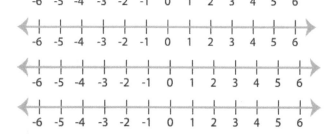

1) $5x \geq 20$

2) $14 + x \leq 12$

3) $x - 9 \leq -4$

4) $4x \geq -16$

bit.ly/3rrElgL

Desigualdades de Varios Pasos

- Para resolver una desigualdad de varios pasos, combina términos "similares" en un lado.

- Llevar variables a un lado sumando o restando.

- Aislar la variable.

- Simplifica utilizando el inverso de la suma o la resta.

- Simplifica aún más usando el inverso de la multiplicación o la división.

- Para dividir o multiplicar ambos lados por números negativos, invierta la dirección del signo de desigualdad.

Ejemplos:

Ejemplo 1. Resuelve esta inecuación. $8x - 2 \leq 14$

Solución: En esta desigualdad, 2 se resta de $8x$. El inverso de la resta es la suma. Suma 2 a ambos lados de la desigualdad:

$8x - 2 + 2 \leq 14 + 2 \rightarrow 8x \leq 16$

Ahora, divide ambos lados por 8. Entonces: $8x \leq 16 \rightarrow \frac{8x}{8} \leq \frac{16}{8} \rightarrow x \leq 2$

La solución a esta desigualdad es $x \leq 2$.

Ejemplo 2 . Resuelve esta inecuación. $3x + 9 < 12$

Solución: Primero resta 9 de ambos lados: $3x + 9 - 9 < 12 - 9$

Ahora simplifica: $3x + 9 - 9 < 12 - 9 \rightarrow 3x < 3$

Ahora divide ambos lados por 3: $\frac{3x}{3} < \frac{3}{3} \rightarrow x < 1$

Práctica:

✍ *Resuelve cada inecuación.*

1) $4x - 3 \leq 5$

2) $7x + 2 \leq 9$

3) $3 + 5x > 13$

4) $3(x + 2) \leq 18$

5) $2x - 15 \geq 7$

6) $5x - 21 < 4$

Capítulo 8: Respuestas

Ecuaciones de un Paso

1) $x = 34$ (Aquí, la operación es resta y su operación inversa es suma. Para resolver esta ecuación , suma 8 a ambos lados de la ecuación: $26 + 8 = -8 + x - 8 \rightarrow x = 34$)

2) $x = -26$ (Aquí, la operación es resta y su operación inversa es suma. Para resolver esta ecuación , suma 12 a ambos lados de la ecuación: $x - 12 + 12 = -38 + 12 \rightarrow x = -26$)

3) $x = -26$ (En esta ecuación, 15 es sumado a la variable x. La operación inversa de la suma es la resta. Para resolver esta ecuación , resta 15 a ambos lados de la ecuación: $x + 15 - 15 = -11 - 15$. Entonces: $x = -26$)

4) $x = 37$ (Aquí, la operación es resta y su operación inversa es suma. Para resolver esta ecuación , suma 27 a ambos lados de la ecuación: $10 + 27 = x - 27 + 27 \rightarrow x = 37$)

5) $x = -25$ (En esta ecuación, 4 es sumado a la variable x. La operación inversa de la suma es la resta. Para resolver esta ecuación , resta 4 a ambos lados de la ecuación: $4 + x - 4 = -21 - 4$. Entonces: $x = -25$)

6) $x = -26$ (Aquí, la operación es resta y su operación inversa es suma. Para resolver esta ecuación , suma 7 a ambos lados de la ecuación: $x - 7 + 7 = -33 + 7 \rightarrow x = -26$)

Ecuaciones de Varios Pasos

1) $x = 1$ (Primero usa la propiedad distributiva: $-4(x + 5) = -4x + 20$. Ahora, resta 20 de ambos lados de la ecuación: $-4x + 20 = 16 \rightarrow -4x + 20 - 20 = 16 - 20$. Ahora simplifica: $-4x = -4 \rightarrow$ Divide ambos lados por -4: $-4x = -4 \rightarrow \frac{-4x}{-4} = \frac{-4}{-4} \rightarrow x = 1$)

2) $x = 5$ (Primero usa la propiedad distributiva: $3(4 + x) = 12 + 3x$. Ahora, resta 12 de ambos lados de la ecuación: $12 + 3x = 27 \rightarrow 12 + 3x - 12 = 27 - 12$. Ahora simplifica: $3x = 15 \rightarrow$ Divide ambos lados por 3: $3x = 15 \rightarrow \frac{3x}{3} = \frac{15}{3} \rightarrow x = 5$)

3) $x = -3$ (Primero, lleva las variables a una lado restando $2x$ para ambos lados. Entonces: $-36 + 2x - 2x = 14x - 2x \rightarrow -36 = 12x$. Ahora, divide ambos lados por 12: $-36 = 12x \rightarrow \frac{-36}{12} = \frac{12x}{12} \rightarrow x = -3$)

4) $x = -7$ (Primero, lleva las variables a una lado sumando $2x$ para ambos lados. Entonces: $5x + 27 + 2x = -2x - 22 + 2x \rightarrow 7x + 27 = -22$. Ahora, divide ambos lados por: $7x + 27 - 27 = -22 - 27 \rightarrow 7x = -49 \rightarrow$ Divide ambos lados por 7: $7x = -49 \rightarrow \frac{7x}{7} = \frac{-49}{7} \rightarrow x = -7$)

5) $x = 24$ (Primero, lleva las variables a una lado restando $3x$ para ambos lados. Entonces: $15 - 4x + 3x = -9 - 3x + 3x \rightarrow -x + 15 = -9$. Ahora resta 15 de ambos lados de la ecuación: $-x + 15 - 15 = -9 - 15 \rightarrow -x = -24 \rightarrow$ Divide ambos lados por -1 : $-x = -24 \rightarrow \frac{-x}{-1} = \frac{-24}{-1} \rightarrow x = 24$)

6) $x = 1$ (Bring variables to one side by adding $3x$ para ambos lados. Entonces: $19 - 6x - 3x = 10 + 3x - 3x \rightarrow 19 - 9x = 10$. Ahora resta 19 de ambos lados de la ecuación: $19 - 9x - 19 = 10 - 19 \rightarrow -9x = -9 \rightarrow$ Divide ambos lados por -9 : $-9x = -9 \rightarrow \frac{-9x}{-9} = \frac{-9}{-9} \rightarrow x = 1$)

Sistema de Ecuaciones

1) $x = 2, y = -1$ (Multiplica la primera ecuación por 3, ahora súmalo a la segunda ecuación.

$$\begin{array}{l} 3(3x - y = 7) \\ \underline{2x + 3y = 1} \end{array} \Rightarrow \begin{array}{l} 9x - 3y = 21 \\ 2x + 3y = 1 \end{array} \Rightarrow 9x + 2x - 3y + 3y = 21 + 1 \Rightarrow 11x = 22 \Rightarrow x = 2$$

Introduce el valor de x en una de las ecuaciones y resuelve para y.

$3(2) - y = 7 \Rightarrow 6 - y = 7 \Rightarrow -y = 1 \Rightarrow y = -1$)

2) $x = 1, y = 5$ (Multiplica la primera ecuación por 3, ahora súmalo a la segunda ecuación.

$$\begin{array}{l} 3(x+y=6) \\ \underline{-3x+y=2} \\ \end{array} \Rightarrow \begin{array}{l} 3x+3y=18 \\ \underline{-3x+y=2} \\ \end{array} \Rightarrow 3x-3x+3y+y=18+2 \Rightarrow 4y=20 \Rightarrow y = 5$$

Introduce el valor de y en una de las ecuaciones y resuelve para x.

$x + 5 = 6 \Rightarrow x = 1$)

3) $x = 3, y = -4$ (Multiplica la primera ecuación por (-3), ahora súmalo a la segunda ecuación.

$$\begin{array}{l} -3(2x+4y=-10) \\ \underline{6x+3y=6} \\ \end{array} \Rightarrow \begin{array}{l} -6x-12y=30 \\ 6x+3y=6 \\ \end{array} \Rightarrow -6x+6x-12y+3y=30+6 \Rightarrow$$
$-9y = 36 \Rightarrow y = -4$

Introduce el valor de y en una de las ecuaciones y resuelve para x.

$2x + 4(-4) = -10 \Rightarrow 2x - 16 = -10 \Rightarrow 2x = -10 + 16 \Rightarrow 2x = 6 \Rightarrow x = 3$)

4) $x = 1, y = 12$ (Multiplica la primera ecuación por (-1), ahora súmalo a la segunda ecuación.

$$\begin{array}{l} -1(2x+2y=26) \\ \underline{7x+2y=31} \\ \end{array} \Rightarrow \begin{array}{l} -2x-2y=-26 \\ 7x+2y=31 \\ \end{array} \Rightarrow -2x+7x-2y+2y=-26+31 \Rightarrow$$
$5x = 5 \Rightarrow x = 1$

Introduce el valor de y en una de las ecuaciones y resuelve para x.

$2(1) + 2y = 26 \Rightarrow 2 + 2y = 26 \Rightarrow 2y = 26 - 2 \Rightarrow 2y = 24 \Rightarrow y = 12$)

Graficar Desigualdades de una Sola Variable

1) Como la variable es mayor que 4, entonces necesitamos encontrar 2 en la recta númerica y dibujar un círculo abierto sobre ella. Ahora, dibuja una flecha a la derecha.

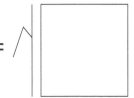

2) Como la variable es menor que 5, entonces necesitamos encontrar 5 en la recta númerica y dibujar un círculo abierto sobre ella. Ahora, dibuja una flecha a la izquierda.

3) Como la variable es menor o igual que 0, entonces necesitamos encontrar 0 en la recta númerica y dibujar un círculo lleno en ella. Ahora, dibuja una flecha a la izquierda.

4) Como la variable es mayor que -2, entonces necesitamos encontrar -2 en la recta númerica y dibujar un círculo abierto sobre ella. Ahora, dibuja una flecha a la izquierda.

Desigualdades de un paso

1) $x \geq 4$(5 se multiplica por x.Divide ambos lados por 5 Ahora :$5x \geq 20 \rightarrow \frac{5x}{5} \geq \frac{20}{5} \rightarrow x \geq 4$)

2) $x \leq -2$ (The   operación   de la suma es la resta. En esta  inversa (opuesta) desigualdad,   14 se suma a x. Para aislar x necesitamos restar 14 de ambos lados de la desigualdad. Entonces: $14 + x \leq 12 \rightarrow 14 + x - 14 \leq 12 - 14 \rightarrow$ $x \leq -2$. La Solución es: $x \leq -2$)

3) $x \leq 5$ (Se resta 9 de x. Suma 9 a ambos lados. $x - 9 \leq -4 \rightarrow$ $x - 9 + 9 \leq -4 + 9 \rightarrow x \leq 5$)

4) $x \geq -4$ (4 se multiplica por x. Divide ambos lados por 4. Entonces: $4x \geq -16 \rightarrow \frac{4x}{4} \geq \frac{-16}{4} \rightarrow x \geq -4$)

Multi–Step Inequalities

1) (En esta desigualdad, 3 se resta de $4x$. El inverso de la resta es la suma. Suma 3 de ambos lados de la desigualdad: $4x - 3 + 3 \leq 5 + 3 \rightarrow$ $4x \leq 8$. Ahora, divide ambos lados entre 4. Entonces: $4x \leq 8 \rightarrow \frac{4x}{4} \leq \frac{8}{4} \rightarrow x \leq 2$. La solución de esta desigualdad es $x \leq 2$.)

2) (Primero resta 2 de ambos lados: $7x + 2 - 2 \leq 9 - 2$. Ahora simplifica: $7x + 2 - 2 \leq 9 - 2 \rightarrow 7x \leq 7$. Ahora divide ambos lados entre 7: $\frac{7x}{7} \leq \frac{7}{7} \rightarrow x \leq 1$)

3) (Primero resta 3 de ambos lados: $3 + 5x - 3 > 13 - 3$. Ahora simplifica: $3 + 5x - 3 > 13 - 3 \rightarrow 5x > 10$. Ahora divide ambos lados entre 5: $\frac{5x}{5} > \frac{10}{5} \rightarrow x > 2$)

4) (Primero, multiplica 3 por $(x + 2)$: $3(x + 2) = 3x + 6$. Segundo, resta 6 de ambos lados: $3x + 6 - 6 \leq 18 - 6$. Ahora simplifica: $3x + 6 - 6 \leq 18 - 6 \rightarrow 3x \leq 12$. Ahora divide ambos lados entre 3: $\frac{3x}{3} \leq \frac{12}{3} \rightarrow x \leq 4$)

5) (Primero, suma 15 de ambos lados: $2x - 15 + 15 \geq 7 + 15$. Ahora simplifica: $2x - 15 + 15 \geq 7 + 15 \rightarrow 2x \geq 22$. Ahora divide ambos lados entre 2: $\frac{2x}{2} \geq \frac{22}{2} \rightarrow x \geq 11$)

6) (Primero, suma 21 de ambos lados: $5x - 21 + 21 < 4 + 21$. Ahora simplifica: $5x - 21 + 21 < 4 + 21 \rightarrow 5x < 25$. Ahora divide ambos lados entre 5: $\frac{5x}{5} < \frac{25}{5} \rightarrow x < 5$)

CAPÍTULO

9 Líneas y Pendiente

Temas matemáticos que aprenderás en este capítulo:

- ☑ Encontrar la pendiente
- ☑ Graficar líneas usando la forma pendiente-intersección
- ☑ Escribir ecuaciones lineales
- ☑ Encontrar el punto medio
- ☑ Encontrar la distancia de dos puntos
- ☑ Respresentación gráfica de desigualdades lineales

86

Encontrar la pendiente

- La pendiente de una línea representa la dirección de una línea en el plano de coordenadas.
- Un plano de coordenadas contiene dos rectas numéricas perpendiculares. La línea horizontal es x y la línea vertical es y. El punto en el que los dos ejes se cortan se llama origen. Un par ordenado (x, y) muestra la ubicación de un punto.
- Una línea en un plano de coordenadas se puede dibujar conectando dos puntos.
- Para encontrar la pendiente de una línea, necesitamos la ecuación de la línea o dos puntos en la línea.
- La pendiente de una línea con dos puntos A (x_1, y_1) y B (x_2, y_2) se puede encontrar usando esta fórmula: $\frac{y_2 - y_1}{x_2 - x_1} = \frac{subir}{correr}$
- La ecuación de una recta normalmente se escribe como $y = mx + b$ donde m es la pendiente y b es la intersección con el eje y.

Ejemplos:

Ejemplo 1. Encuentre la pendiente de la recta que pasa por estos dos puntos:
$\qquad$ $A(1, -6)$ y $B(3, 2)$.
Solución: $Pendiente = \frac{y_2 - y_1}{x_2 - x_1}$. Sean (x_1, y_1) $A(1, -6)$ y (x_2, y_2) $B(3, 2)$.
(Recuerda que puedes elegir cualquier punto para (x_1, y_1) y (x_2, y_2)).
Entonces: $Pendiente = \frac{y_2 - y_1}{x_2 - x_1} = \frac{2 - (-6)}{3 - 1} = \frac{8}{2} = 4$
La pendiente de la recta que pasa por estos dos puntos es 4.

Ejemplo 2. Hallar la pendiente de la recta con ecuación $y = -2x + 8$
Solución: Cuando la ecuación de una recta se escribe en la forma de $y = mx + b$, la pendiente es m. En esta línea: $y = -2x + 8$, la pendiente es -2.

Práctica:

✎ *Halla la pendiente de la recta que pasa por cada par de puntos.*

1) $(3, 2), (4, 6)$

2) $(2, 1), (3, 4)$

3) $(0, 3), (1, 0)$

4) $(4, 3), (8, 5)$

5) $(9, 8), (6, 23)$

6) $(10, 8), (12, 9)$

7) $(2, 7), (1, 8)$

8) $(-5, -2), (-3, 6)$

Graficar Líneas Usando la Forma Pendiente-Intersección

- Forma pendiente-intersección de una línea: dada la pendiente m y la intersección en y (la intersección de la línea y el eje y) b, entonces la ecuación de la línea es:

$$y = mx + b$$

- Para dibujar la gráfica de una ecuación lineal en forma de pendiente-intersección en el plano de coordenadas xy, encuentre dos puntos en la línea reemplazando dos valores para x y calculando los valores de y.

- También puedes usar la pendiente (m) y un punto para graficar la recta.

Ejemplo:

Dibuja la gráfica de $y = 2x - 4$.

Solución: Para graficar esta línea, necesitamos encontrar dos puntos. Cuándo x es cero el valor de y es -4. Y cuando x es 2 el valor de y es 0.

$$x = 0 \rightarrow y = 2(0) - 4 = -4,$$
$$y = 0 \rightarrow 0 = 2x - 4 \rightarrow x = 2$$

Ahora, tenemos dos puntos.:

$(0, -4)$ y $(2, 0)$.

Encuentra los puntos en el plano de coordenadas y grafica la línea. Recuerda que la pendiente de la recta es 2.

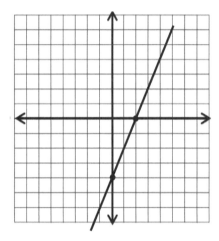

Práctica:

✍ *Dibuja la gráfica de cada recta.*

1) $y = 3x + 3$

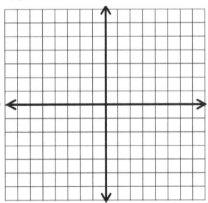

2) $y = 2x - 6$

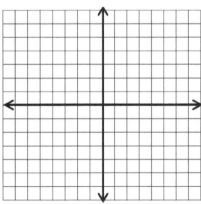

Escribir Ecuaciones Lineales

- La ecuación de una línea en forma de pendiente-intersección: $y = mx + b$

- Para escribir la ecuación de una línea, primero identifica la pendiente.

- Encuentra la intercepción en y. Esto se puede hacer sustituyendo la pendiente y las coordenadas de un punto (x, y) en la línea.

Ejemplos:

Ejemplo 1. ¿Cuál es la ecuación de la recta que pasa por $(3, -4)$ y tiene una pendiente de 6?

Solución: La forma general pendiente-intersección de la ecuación de una recta es $y = mx + b$, donde m es la pendiente y b es la intercepción en y.

Por sustitución del punto dado y la pendiente dada:

$y = mx + b \rightarrow -4 = (6)(3) + b$. Así que, $b = -4 - 18 = -22$, y la ecuación requerida de la recta es: $y = 6x - 22$

Ejemplo 2. Escribe la ecuación de la recta que pasa por dos puntos $A(3, 1)$ y $B(-2, 6)$.

Solución: Primero, busca la pendiente: $Pendiente = \frac{y_2 - y_1}{x_2 - x_1} = \frac{6 - 1}{-2 - 3} = \frac{5}{-5} = -1 \rightarrow m = -1$

Para encontrar el valor de b, use cualquiera de los puntos e introduzca los valores de x y y en la ecuacion. La respuesta sera la misma: $y = -x + b$. Revisemos ambos puntos. Entonces: $(3, 1) \rightarrow y = mx + b \rightarrow 1 = -1(3) + b \rightarrow b = 4$

$(-2, 6) \rightarrow y = mx + b \rightarrow 6 = -1(-2) + b \rightarrow b = 4$

La intersección con el eje y de la recta es 4. La ecuación de la recta es: $y = -x + 4$

Práctica:

✎ *Escribe la ecuación de la recta que pasa por los puntos dados.*

1) A través: $(1, 2), (2, 3)$

2) A través: $(1, 7), (-1, 3)$

3) A través: $(2, 3), (4, 4)$

4) A través: $(0, 6), (1, 3)$

5) A través: $(1, 4), (2, 3)$

6) A través: $(1, -1), (-1, 2)$

Finding Midpoint

- El medio de un segmento de línea es su punto medio.

- El punto medio de dos puntos finales A (x_1, y_1) y B (x_2, y_2) se puede encontrar usando esta fórmula: M $\left(\frac{x_1+x_2}{2}, \frac{y_1+y_2}{2}\right)$

Ejemplos:

Ejemplos 1. Encuentre el punto medio del segmento de línea con los puntos finales dados. $(2, -4), (6, 8)$

Solución: Punto medio = $\left(\frac{x_1+x_2}{2}, \frac{y_1+y_2}{2}\right) \rightarrow (x_1, y_1) = (2, -4)$ y $(x_2, y_2) = (6, 8)$

Punto medio= $\left(\frac{2+6}{2}, \frac{-4+8}{2}\right) \rightarrow \left(\frac{8}{2}, \frac{4}{2}\right) \rightarrow M(4, 2)$

Ejemplo 2. Encuentre el punto medio del segmento de línea con los puntos finales dados. $(-2, 3), (6, -7)$

Solución: Punto medio= $\left(\frac{x_1+x_2}{2}, \frac{y_1+y_2}{2}\right) \rightarrow (x_1, y_1) = (-2, 3)$ y $(x_2, y_2) = (6, -7)$

Punto medio= $\left(\frac{-2+6}{2}, \frac{3+(-7)}{2}\right) \rightarrow \left(\frac{4}{2}, \frac{-4}{2}\right) \rightarrow M(2, -2)$

Práctica:

✍ *Encuentre el punto medio del segmento de línea con los puntos finales dados.*

1) $(-4, -6), (0, 2)$

2) $(-2, 1), (-2, 5)$

3) $(0, -1), (2, -3)$

4) $(7, 0), (-1, 2)$

5) $(4, -3), (8, -7)$

6) $(-2, 3), (2, 5)$

7) $(1, 0), (-5, 6)$

8) $(-8, 4), (-4, 0)$

9) $(-7, 3), (9, 1)$

10) $(2, 7), (6, 9)$

Encontrar la Distancia de Dos Puntos

- Utilice la siguiente fórmula para encontrar la distancia de dos puntos con las coordenadas A (x_1, y_1) y B (x_2, y_2):

$$d = \sqrt{(x_2 - x_1)^2 + (y_2 - y_1)^2}$$

Ejemplos:

Ejemplo 1. Encuentre la distancia entre $(4, 2)$ y $(-5, -10)$ en el plano de coordenadas.

Solución: Utilice la fórmula de la distancia de dos puntos: $d = \sqrt{(x_2 - x_1)^2 + (y_2 - y_1)^2}$

$(x_1, y_1) = (4, 2)$ y $(x_2, y_2) = (-5, -10)$. Entonces: $d = \sqrt{(x_2 - x_1)^2 + (y_2 - y_1)^2} \rightarrow$

$$= \sqrt{(-5 - 4)^2 + (-10 - 2)^2} = \sqrt{(-9)^2 + (-12)^2} = \sqrt{81 + 144} = \sqrt{225} = 15$$

Entonces: $d = 15$

Ejemplo 2. Hallar la distancia de dos puntos $(-1, 5)$ y $(-4, 1)$.

Solución: Utilice la fórmula de la distancia de dos puntos: $d = \sqrt{(x_2 - x_1)^2 + (y_2 - y_1)^2}$

$(x_1, y_1) = (-1, 5)$ y $(x_2, y_2) = (-4, 1)$. Entonces: $= \sqrt{(x_2 - x_1)^2 + (y_2 - y_1)^2} \rightarrow$

$$d = \sqrt{(-4 - (-1))^2 + (1 - 5)^2} = \sqrt{(-3)^2 + (-4)^2} = \sqrt{9 + 16} = \sqrt{25} = 5$$

Entonces: $d = 5$

Práctica:

✎ *Encuentre la distancia entre cada par de puntos.*

1) $(3, 4), (7, 7)$

2) $(8, 18), (2, 10)$

3) $(12, -8), (0, 1)$

4) $(4, 10), (-4, -5)$

5) $(-6, 11), (10, -1)$

6) $(6, 10), (-6, 5)$

Graficación Desigualdades Lineales

- Para graficar una desigualdad lineal, primero dibuje un gráfico de la línea "igual".
- Use una línea discontinua para los signos menor que (<) y mayor que (>) y una línea continua para menor que e igual a (≤) y mayor que e igual a (≥).
- Elija un punto de prueba. (puede ser cualquier punto a ambos lados de la línea))
- Pon el valor de (x, y) de ese punto en la desigualdad. Si eso funciona, esa parte de la línea es la solución. Si los valores no funcionan, entonces la otra parte de la línea es la solución.

Ejemplo:

Dibuja la gráfica de la desigualdad: $y < 2x + 4$

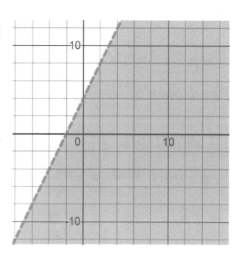

Solución: Para dibujar la gráfica de $y < 2x + 4$, primero necesitas graficar la recta:

$y = 2x + 4$

Como hay un signo menor que (<), dibuje una línea discontinua.

La pendiente es 2 y el intercepto en y es 4.

Entonces, elija un punto de prueba y sustituya el valor de x y y de ese punto en la desigualdad. El punto más fácil de probar es el origen.: $(0, 0)$

$(0, 0) \rightarrow y < 2x + 4 \rightarrow 0 < 2(0) + 4 \rightarrow 0 < 4$

Esto es correcto! 0 es menos que 4. Entonces, esta parte de la recta (del lado derecho) es la solución a esta desigualdad.

Práctica:

✎ *Dibujar la gráfica de cada desigualdad lineal.*

1) $y < \frac{3}{4}x + 3$

2) $y < -\frac{3}{2}x + 3$

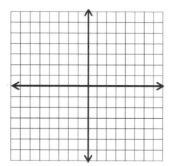

Capítulo 9: Respuestas-

Encontrar pendiente

1) 4 ($Pendiente = \frac{y_2 - y_1}{x_2 - x_1}$. Sea (x_1, y_1) A $(3, 2)$ y (x_2, y_2) B $(4, 6)$. Entonces:

   $Pendiente = \frac{y_2 - y_1}{x_2 - x_1} = \frac{6-2}{4-3} = \frac{4}{1} = 4$)

2) 3 ($Pendiente = \frac{y_2 - y_1}{x_2 - x_1}$. Sea (x_1, y_1) A $(2, 1)$ y (x_2, y_2) B $(3, 4)$. Entonces:

   $Pendiente = \frac{y_2 - y_1}{x_2 - x_1} = \frac{4-1}{3-2} = \frac{3}{1} = 3$)

3) -3 ($Pendiente = \frac{y_2 - y_1}{x_2 - x_1}$. Sea (x_1, y_1) A $(0, 3)$ y (x_2, y_2) B $(1, 0)$. Entonces:

   $Pendiente = \frac{y_2 - y_1}{x_2 - x_1} = \frac{0-3}{1-0} = \frac{-3}{1} = -3$)

4) $\frac{1}{2}$ ($Pendiente = \frac{y_2 - y_1}{x_2 - x_1}$. Sea (x_1, y_1) A $(4, 3)$ y (x_2, y_2) B $(8, 5)$. Entonces:

   $Pendiente = \frac{y_2 - y_1}{x_2 - x_1} = \frac{5-3}{8-4} = \frac{2}{4} = \frac{1}{2}$)

5) -5 ($Pendiente = \frac{y_2 - y_1}{x_2 - x_1}$. Sea (x_1, y_1) A $(9, 8)$ y (x_2, y_2) B $(6, 23)$. Entonces:

   $Pendiente = \frac{y_2 - y_1}{x_2 - x_1} = \frac{23-8}{6-9} = \frac{15}{-3} = -5$)

6) $\frac{1}{2}$ ($Pendiente = \frac{y_2 - y_1}{x_2 - x_1}$. Sea (x_1, y_1) A $(10, 8)$ y (x_2, y_2) B $(12, 9)$. Entonces:

   $Pendiente = \frac{y_2 - y_1}{x_2 - x_1} = \frac{9-8}{12-10} = \frac{1}{2}$)

7) -1 ($Pendiente = \frac{y_2 - y_1}{x_2 - x_1}$. Sea (x_1, y_1) A $(2, 7)$ y (x_2, y_2) B $(1, 8)$. Entonces:

   $Pendiente = \frac{y_2 - y_1}{x_2 - x_1} = \frac{8-7}{1-2} = \frac{1}{-1} = -1$)

8) 4 ($Pendiente = \frac{y_2 - y_1}{x_2 - x_1}$. Sea (x_1, y_1) A $(-5, -2)$ y (x_2, y_2) B $(-3, 6)$. Entonces:

   $Pendiente = \frac{y_2 - y_1}{x_2 - x_1} = \frac{6-(-2)}{-3-(-5)} = \frac{6+2}{-3+5} = \frac{8}{2} = 4$)

Graficar Líneas Usando la Forma Pendiente-Intersección

1) Para graficar la línea, necesitamos encontrar dos puntos. Cuando x es cero el valor es de y es 3. Y cuando x es -1 el valor de y es 0.
$x = 0 \rightarrow y = 3(0) + 3 = 3$
$y = 0 \rightarrow 0 = 3x + 3 \rightarrow x = -1$
Ahora, tenemos dos puntos: $(0,3)$ y $(-1,0)$. Encuentra los puntos en el plano de coordenadas y grafica la línea. Recuerda que la pendiente de la recta es 3.

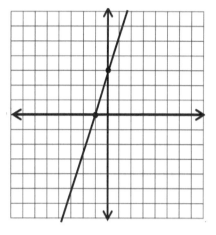

2) Para graficar la línea, necesitamos encontrar dos puntos. Cuando x es cero el valor es de y es -6. Y cuando x es 3 el valor de y es 0.
$x = 0 \rightarrow y = 2(0) - 6 = -6$,
$y = 0 \rightarrow 0 = 2x - 6 \rightarrow x = 3$
Ahora, tenemos dos puntos: $(0,-6)$ and $(3,0)$. Encuentra los puntos en el plano de coordenadas y grafica la línea. Recuerda que la pendiente de la recta es 2.

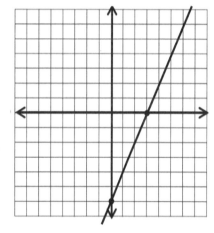

Escribir Ecuaciones Lineales

1) $y = x + 1$ (Primero, encuentra la pendiente: $Pendiente = \frac{y_2 - y_1}{x_2 - x_1} = \frac{3-2}{2-1} = \frac{1}{1} = 1 \rightarrow$ $m = 1$. Para encontrar el valor de b, use cualquiera de los puntos e introduzca los valores de x y y en la ecuación. La respuesta será la misma: $y = x + b$. Entonces: $(1,2) \rightarrow$
$y = mx + b \rightarrow 2 = 1(1) + b \rightarrow b = 1$. El intercepto en y de la recta es 1. La ecuación de la recta es: $y = x + 1$)

2) $y = 2x + 5$ (Primero, encuentra la pendiente: $Pendiente = \frac{y_2 - y_1}{x_2 - x_1} = \frac{3-7}{-1-1} = \frac{-4}{-2} = 2 \rightarrow$ $m = 2$. Para encontrar el valor de b, use cualquiera de los puntos e introduzca los valores de x y y en la ecuación. La respuesta será la misma: $y = 2x + b$. Entonces:

$(1, 7) \rightarrow y = mx + b \rightarrow 7 = 2(1) + b \rightarrow b = 5$. El intercepto en y de la recta es 5. La ecuación de la recta es: $y = 2x + 5$)

3) $y = \frac{1}{2}x + 2$ (Primero, encuentra la pendiente: $Pendiente = \frac{y_2 - y_1}{x_2 - x_1} = \frac{4-3}{4-2} = \frac{1}{2} \rightarrow m = \frac{1}{2}$. Para encontrar el valor de b, use cualquiera de los puntos e introduzca los valores de x y y en la ecuación. La respuesta será la misma: $y = \frac{1}{2}x + b$. Entonces: $(4, 4) \rightarrow y = mx + b \rightarrow 4 = \frac{1}{2}(4) + b \rightarrow b = 2$. El intercepto en y de la recta es 2. La ecuación de la recta es: $y = \frac{1}{2}x + 2$)

4) $y = -3x + 6$ (Primero, encuentra la pendiente: $Pendiente = \frac{y_2 - y_1}{x_2 - x_1} = \frac{3-6}{1-0} = \frac{-3}{1} = -3 \rightarrow$
$m = -3$. Para encontrar el valor de b, use cualquiera de los puntos e introduzca los valores de x y y en la ecuación. La respuesta será la misma: $y = -3x + b$. Entonces: $(0, 6) \rightarrow y = mx + b \rightarrow 6 = -3(0) + b \rightarrow b = 6$. El intercepto en y de la recta es 6. La ecuación de la recta es: $y = -3x + 6$)

5) $y = -x + 5$ (Primero, encuentra la pendiente: $Pendiente = \frac{y_2 - y_1}{x_2 - x_1} = \frac{3-4}{2-1} = \frac{-1}{1} = -1 \rightarrow m = -1$. Para encontrar el valor de b, use cualquiera de los puntos e introduzca los valores de x y y en la ecuación. La respuesta será la misma: $y = -x + b$. Entonces: $(2, 3) \rightarrow y = mx + b \rightarrow 3 = -(2) + b \rightarrow b = 5$. El intercepto en y de la recta es 5. La ecuación de la recta es: $y = -x + 5$)

6) $y = -\frac{3}{2}x + \frac{1}{2}$ (Primero, encuentra la pendiente: $Pendiente = \frac{y_2 - y_1}{x_2 - x_1} = \frac{2-(-1)}{-1-1} = \frac{3}{-2} = -\frac{3}{2} \rightarrow m = -\frac{3}{2}$. Para encontrar el valor de b, use cualquiera de los puntos e introduzca los valores de x y y en la ecuación. La respuesta será la misma: $y = -\frac{3}{2}x + b$. Entonces: $(1, -1) \rightarrow y = mx + b \rightarrow -1 = -\frac{3}{2}(1) + b \rightarrow b = \frac{1}{2}$. El intercepto en y de la recta es $\frac{1}{2}$. La ecuación de la recta es: $y = -\frac{3}{2}x + \frac{1}{2}$)

Encontrar el punto medio

1) $M(-2,-2)$ (Punto medio $= \left(\frac{x_1+x_2}{2}, \frac{y_1+y_2}{2}\right) \to (x_1,y_1)=(-4,-6)$ y $(x_2,y_2)=(0,2)$. Punto medio $= \left(\frac{-4+0}{2}, \frac{-6+2}{2}\right) \to \left(\frac{-4}{2}, \frac{-4}{2}\right) \to M(-2,-2)$)

2) $M(-2,3)$ (Punto medio $= \left(\frac{x_1+x_2}{2}, \frac{y_1+y_2}{2}\right) \to (x_1,y_1)=(-2,1)$ y $(x_2,y_2)=(-2,5)$. Punto medio $= \left(\frac{-2+(-2)}{2}, \frac{1+5}{2}\right) \to \left(\frac{-4}{2}, \frac{6}{2}\right) \to M(-2,3)$)

3) $M(1,-2)$ (Punto medio $= \left(\frac{x_1+x_2}{2}, \frac{y_1+y_2}{2}\right) \to (x_1,y_1)=(0,-1)$ y $(x_2,y_2)=(2,-3)$. Punto medio $= \left(\frac{0+2}{2}, \frac{-1+(-3)}{2}\right) \to \left(\frac{2}{2}, \frac{-4}{2}\right) \to M(1,-2)$)

4) $M(3,1)$ (Punto medio $= \left(\frac{x_1+x_2}{2}, \frac{y_1+y_2}{2}\right) \to (x_1,y_1)=(7,0)$ y $(x_2,y_2)=(-1,2)$. Punto medio $= \left(\frac{7+(-1)}{2}, \frac{0+2}{2}\right) \to \left(\frac{6}{2}, \frac{2}{2}\right) \to M(3,1)$)

5) $M(6,-5)$ (Punto medio $= \left(\frac{x_1+x_2}{2}, \frac{y_1+y_2}{2}\right) \to (x_1,y_1)=(4,-3)$ y $(x_2,y_2)=(8,-7)$. Punto medio $= \left(\frac{4+8}{2}, \frac{-3+(-7)}{2}\right) \to \left(\frac{12}{2}, \frac{-10}{2}\right) \to M(6,-5)$)

6) $M(0,4)$ (Punto medio $= \left(\frac{x_1+x_2}{2}, \frac{y_1+y_2}{2}\right) \to (x_1,y_1)=(-2,3)$ y $(x_2,y_2)=(2,5)$. Punto medio $= \left(\frac{-2+2}{2}, \frac{3+5}{2}\right) \to \left(\frac{0}{2}, \frac{8}{2}\right) \to M(0,4)$)

7) $M(-2,3)$ (Punto medio $= \left(\frac{x_1+x_2}{2}, \frac{y_1+y_2}{2}\right) \to (x_1,y_1)=(1,0)$ y $(x_2,y_2)=(-5,6)$. Punto medio $= \left(\frac{1+(-5)}{2}, \frac{0+6}{2}\right) \to \left(\frac{-4}{2}, \frac{6}{2}\right) \to M(-2,3)$)

8) $M(-6,2)$ (Punto medio $= \left(\frac{x_1+x_2}{2}, \frac{y_1+y_2}{2}\right) \to (x_1,y_1)=(-8,4)$ y $(x_2,y_2)=(-4,0)$. Punto medio $= \left(\frac{-8+(-4)}{2}, \frac{4+0}{2}\right) \to \left(\frac{-12}{2}, \frac{4}{2}\right) \to M(-6,2)$)

9) $M(1,2)$ (Punto medio $= \left(\frac{x_1+x_2}{2}, \frac{y_1+y_2}{2}\right) \to (x_1,y_1)=(-7,3)$ y $(x_2,y_2)=(9,1)$. Punto medio $= \left(\frac{-7+9}{2}, \frac{3+1}{2}\right) \to \left(\frac{2}{2}, \frac{4}{2}\right) \to M(1,2)$)

10) $M(4,8)$ (Punto medio $= \left(\frac{x_1+x_2}{2}, \frac{y_1+y_2}{2}\right) \to (x_1,y_1)=(2,7)$ y $(x_2,y_2)=(6,9)$. Punto medio $= \left(\frac{2+6}{2}, \frac{7+9}{2}\right) \to \left(\frac{8}{2}, \frac{16}{2}\right) \to$

$M(4,8))$

Encontrar la Distancia de Dos Puntos

1) 5   (Utilice la fórmula de la distancia de dos puntos: $d = \sqrt{(x_2 - x_1)^2 + (y_2 - y_1)^2}$

$(x_1, y_1) = (3, 4)$ y $(x_2, y_2) = (7, 7)$. Entonces:

$d = \sqrt{(x_2 - x_1)^2 + (y_2 - y_1)^2} = \sqrt{(7 - 3)^2 + (7 - 4)^2} = \sqrt{(4)^2 + (3)^2} = \sqrt{16 + 9} = \sqrt{25} = 5$)

2) 10   (Utilice la fórmula de la distancia de dos puntos: $d = \sqrt{(x_2 - x_1)^2 + (y_2 - y_1)^2}$

$(x_1, y_1) = (8, 18)$ y $(x_2, y_2) = (2, 10)$. Entonces:

$d = \sqrt{(x_2 - x_1)^2 + (y_2 - y_1)^2} = \sqrt{(2 - 8)^2 + (10 - 18)^2} = \sqrt{(-6)^2 + (-8)^2} = \sqrt{36 + 64} = \sqrt{100} = 10$)

3) 15   (Utilice la fórmula de la distancia de dos puntos: $d = \sqrt{(x_2 - x_1)^2 + (y_2 - y_1)^2}$

$(x_1, y_1) = (12, -8)$ y $(x_2, y_2) = (0, 1)$. Entonces:

$d = \sqrt{(x_2 - x_1)^2 + (y_2 - y_1)^2} = \sqrt{(0 - 12)^2 + \left(1 - (-8)\right)^2} = \sqrt{(12)^2 + (9)^2} = \sqrt{144 + 81} = \sqrt{225} = 15$)

4) 17   (Utilice la fórmula de la distancia de dos puntos: $d = \sqrt{(x_2 - x_1)^2 + (y_2 - y_1)^2}$

$(x_1, y_1) = (4, 10)$ y $(x_2, y_2) = (-4, -5)$. Entonces:

$d = \sqrt{(x_2 - x_1)^2 + (y_2 - y_1)^2} = \sqrt{(-4 - 4)^2 + (-5 - 10)^2} = \sqrt{(-8)^2 + (-15)^2} = \sqrt{64 + 225} = \sqrt{289} = 17$)

5) 20 (Utilice la fórmula de la distancia de dos puntos: $d = \sqrt{(x_2 - x_1)^2 + (y_2 - y_1)^2}$

$(x_1, y_1) = (-6, 11)$ y $(x_2, y_2) = (10, -1)$. Entonces:

$d = \sqrt{(x_2 - x_1)^2 + (y_2 - y_1)^2} = \sqrt{(10 - (-6))^2 + (-1 - 11)^2} = \sqrt{(16)^2 + (-12)^2} = \sqrt{256 + 144} = \sqrt{400} = 20$)

6) 13 (Utilice la fórmula de la distancia de dos puntos: $d = \sqrt{(x_2 - x_1)^2 + (y_2 - y_1)^2}$

$(x_1, y_1) = (6, 10)$ y $(x_2, y_2) = (-6, 5)$. Entonces:

$d = \sqrt{(x_2 - x_1)^2 + (y_2 - y_1)^2} = \sqrt{(-6 - 6)^2 + (5 - 10)^2} = \sqrt{(-12)^2 + (-5)^2} = \sqrt{144 + 25} = \sqrt{169} = 13$)

Graficar Desigualdades Lineales

1) Para dibujar la gráfica de $y < \frac{3}{4}x + 3$, tú primero necesitas graficar la línea: $y = \frac{3}{4}x + 3$

Como hay un signo menor que (<), dibuje una línea discontinua.

La pendiente es $\frac{3}{4}$ y el intercepto en y es 3.

Entonces, elija un punto de prueba y sustituya el valor de x y y de ese punto en la desigualdad. El punto más fácil de probar es el origen: $(0, 0)$

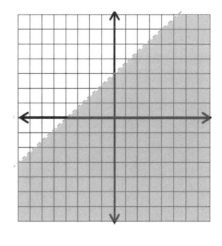

$(0,0) \to y < \frac{3}{4}x + 3 \to 0 < \frac{3}{4}(0) + 3 \to 0 < 3$

Esto es correcto! 0 es menos que 3. Así que, esta parte de la recta (del lado derecho) es la solución de esta desigualdad.

2) Para dibujar la gráfica de $y < -\frac{3}{2}x + 3$, tú primero necesitas graficar la línea: $y = -\frac{3}{2}x + 3$

Como hay un signo menor que (<), dibuje una línea discontinua.

La pendiente es $-\frac{3}{2}$ y el intercepto en y es 3.

Entonces, elija un punto de prueba y sustituya el valor de x y y de ese punto en desigualdad. El punto más fácil de probar es el origen: $(0, 0)$

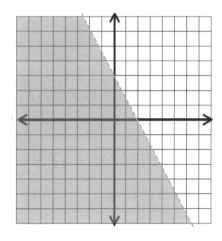

$$(0,0) \rightarrow y < -\frac{3}{2}x + 3 \rightarrow 0 < -\frac{3}{2}(0) + 3 \rightarrow 0 < 3$$

Esto es correcto! 0 es menos que 3. Así que, esta parte de la recta (del lado derecho) es la solución de esta desigualdad.

CAPÍTULO

10 Polinomios

Temas matemáticos que aprenderás en este capítulo:

- ☑ Simplificación de Polinomios
- ☑ Suma y Resta de Polinomios
- ☑ Multiplicación de Monomios
- ☑ Multiplicación y División de Monomios
- ☑ Multiplicación de un Polinomo y un Monomio
- ☑ Multiplicación de Binomios
- ☑ Factorización de Trinomios

101

Simplificaing Polynomials

- Para simplificar polinomios, encuentre términos "similares". (Tienen las mismas variables con la misma potencia).

- Utilice "FOIL". (First-Out-In-Last) para binomios:

$$(x + a)(x + b) = x^2 + (b + a)x + ab$$

- Sumar o restar términos "similares" usando el orden de la operación.

Ejemplos:

Ejemplo 1. Simplifica esta expresión. $x(4x + 7) - 2x =$

Solución: Usa la Propiedad Distributiva: $x(4x + 7) = 4x^2 + 7x$

Ahora, combina términos similares: $x(4x + 7) - 2x = 4x^2 + 7x - 2x = 4x^2 + 5x$

Ejemplo 2. Simplifica esta expresión. $(x + 3)(x + 5) =$

Solución: Primero, aplica el método FOIL: $(a + b)(c + d) = ac + ad + bc + bd$

$(x + 3)(x + 5) = x^2 + 5x + 3x + 15$

Ahora combina términos similares: $x^2 + 5x + 3x + 15 = x^2 + 8x + 15$

Práctica:

✎ **Simplifica cada expresión**

1) $6(3x - 2) =$

2) $8x(2x + 5) =$

3) $2x(10x - 4) =$

4) $7x(4x + 3) =$

5) $11x(5x - 6) =$

6) $3x(3x + 7) =$

7) $(4x - 5)(x - 2) =$

8) $(x - 3)(10x + 7) =$

Suma y Resta de Polinomios

- Sumar polinomios es solo una cuestión de combinar términos similares, con algunas consideraciones sobre el orden de las operaciones.

- Cuidado con los signos menos y no confundas la suma y la multiplicación!

- Para restar polinomios, a veces necesitas usar la propiedad distributiva: $a(b + c) = ab + ac$, $a(b - c) = ab - ac$

Ejemplos:

Ejemplo 1. Simplifica las expresiones. $(x^2 - 2x^3) - (x^3 - 3x^2) =$

Solución: Primero, usa la propiedad distributiva: $-(x^3 - 3x^2) = -x^3 + 3x^2$ →
$(x^2 - 2x^3) - (x^3 - 3x^2) = x^2 - 2x^3 - x^3 + 3x^2$
Ahora combina términos similares: $-2x^3 - x^3 = -3x^3$ and $x^2 + 3x^2 = 4x^2$
Entonces: $(x^2 - 2x^3) - (x^3 - 3x^2) = x^2 - 2x^3 - x^3 + 3x^2 = -3x^3 + 4x^2$

Ejemplo 2. Suma las expresiones. $(3x^3 - 5) + (4x^3 - 2x^2) =$

Solución: Eliminar paréntesis:
$$(3x^3 - 5) + (4x^3 - 2x^2) = 3x^3 - 5 + 4x^3 - 2x^2$$
Ahora combina términos similares: $3x^3 - 5 + 4x^3 - 2x^2 = 7x^3 - 2x^2 - 5$

Práctica:

✍ *Sumar o restar expresiones.*

1) $(-4x^2 - 3) + (6x^2 + 5) =$

2) $(x^2 + 2) - (6 - 2x^2) =$

3) $(8x^3 + x^2) - (3x^3 + 8) =$

4) $(11x^3 - 5x^2) + (3x^2 - x) =$

5) $(5x^3 + x) - (7x^3 - 6) =$

6) $(2x^3 - 12) + (9x^3 + 3) =$

7) $(6x^3 + 4) - (11 - 2x^3) =$

8) $(10x^2 + 8x^3) - (2x^3 + 7) =$

Multiplicación de Monomios

- Un monomio es un polinomio con un solo término: Ejemplos: $2x$ or $7y^2$.

- Cuando multipliques monomios, primero multiplica los coeficientes (un número colocado antes y multiplicando la variable) y luego multiplica las variables usando la propiedad de multiplicación de los exponentes.

$$x^a \times x^b = x^{a+b}$$

Ejemplos:

Ejemplo 1. Multiplica expresiones. $2xy^3 \times 6x^4y^2$

Solución: Encuentra las mismas variables y usa la propiedad de multiplicación de exponentes: $x^a \times x^b = x^{a+b}$
$x \times x^4 = x^{1+4} = x^5$ and $y^3 \times y^2 = y^{3+2} = y^5$
Entonces, multiplicar coeficientes y variables: $2xy^3 \times 6x^4y^2 = 12x^5y^5$

Ejemplo 2. Multiplica expresiones. $7a^3b^8 \times 3a^6b^4 =$

Solución: Usa la propiedad de multiplicación de los exponentes: $x^a \times x^b = x^{a+b}$
$a^3 \times a^6 = a^{3+6} = a^9$ and $b^8 \times b^4 = b^{8+4} = b^{12}$
Entonces: $7a^3b^8 \times 3a^6b^4 = 21a^9b^{12}$

Práctica:

✎ **Simplifica cada expresión**

1) $4x^5 \times (-7x^4) =$

2) $6ab^7c^3 \times 3b^6 =$

3) $(-5u^8t^2) \times (-2u^2t^3) =$

4) $9x^4y^3 \times 6x^5y^{11} =$

5) $(-3p^9q^5) \times (5p^4q^4) =$

6) $11a^9b^2 \times 2a^3b^7 =$

7) $-4u^6t^2 \times 9u^8t^{12} =$

8) $(-p^{16}q^8) \times (-2pq^2) =$

Multiplicación y División de Monomios

- Cuando divides o multiplicas dos monomios, necesitas dividir o multiplicar sus coeficientes y luego dividir o multiplicar sus variables.

- En el caso de exponentes con la misma base, para división, restar sus potencias, para multiplicación, sumar sus potencias.

- Reglas de multiplicación y división de exponentes:

$$x^a \times x^b = x^{a+b} \, , \qquad \frac{x^a}{x^b} = x^{a-b}$$

Ejemplos:

Ejemplo 1. Multiplica expresiones. $(3x^5)(9x^4) =$

Solución: Usar la propiedad de multiplicación de los exponentes:
$x^a \times x^b = x^{a+b} \rightarrow x^5 \times x^4 = x^9$
Entonces: $(3x^5)(9x^4) = 27x^9$

Ejemplo 2. Divide expresiones. $\frac{12x^4y^6}{6xy^2} =$

Solución: Usar la propiedad de división de los exponentes:
$\frac{x^a}{x^b} = x^{a-b} \rightarrow \frac{x^4}{x} = x^{4-1} = x^3$ y $\frac{y^6}{y^2} = y^{6-2} = y^4$
Entonces: $\frac{12x^4y^6}{6xy^2} = 2x^3y^4$

Práctica:

✎ *Simplifica cada expresión*

1) $(5x^6y^2)(4x^5y^3) =$

2) $(-6x^7y^{10})(-8x^3y^4) =$

3) $(2xy^9)(-9x^8y) =$

4) $\frac{81x^8y^9}{9x^4y^5} =$

5) $\frac{60x^7y^5}{5x^5y^4} =$

6) $\frac{14x^7y^6}{7x^2y^3} =$

Multiplicar un Polinomio y un Monomio

- Al multiplicar monomios, usa la regla del producto para exponentes.

$$x^a \times x^b = x^{a+b}$$

- Al multiplicar un monomio por un polinomio, usa la propiedad distributiva.

$$a \times (b + c) = a \times b + a \times c = ab + ac$$
$$a \times (b - c) = a \times b - a \times c = ab - ac$$

Ejemplos:

Ejemplo 1. Multiplica expresiones. $6x(2x + 5)$

Solución: Usa la Propiedad Distributiva:

$6x(2x + 5) = 6x \times 2x + 6x \times 5 = 12x^2 + 30x$

Ejemplo 2. Multiplica expresiones. $x(3x^2 + 4y^2)$

Solución: Usa la Propiedad Distributiva:

$x(3x^2 + 4y^2) = x \times 3x^2 + x \times 4y^2 = 3x^3 + 4xy^2$

Práctica:

✎ *Encuentra cada producto.*

1) $6x(10x + 5y) =$

2) $10x(6x - 3y) =$

3) $7x(9x + 2y) =$

4) $11x(x + 10) =$

5) $4x(-9x^2y + 3y) =$

6) $-3x(4x^2 + 5xy - 9) =$

7) $8x(7x - 2y + 8) =$

8) $6x(4x^2 + 6y^2) =$

Multiplicación de Binomios

- Un binomio es un polinomio que es la suma o la diferencia de dos términos, cada uno de los cuales es un monomio.

- Para multiplicar dos binomios, utilice el método "FOIL". (First–Out–In–Last)

$$(x + a)(x + b) = x \times x + x \times b + a \times x + a \times b = x^2 + bx + ax + ab$$

Ejemplos:

Ejemplo 1. Multiplicación de Binomios. $(x + 3)(x - 2) =$

Solución: Usa "FOIL". (First–Out–In–Last):

$(x + 3)(x - 2) = x^2 - 2x + 3x - 6$

Ahora combina términos similares: $x^2 - 2x + 3x - 6 = x^2 + x - 6$

Ejemplo 2. Multiplica. $(x + 6)(x + 4) =$

Solución: Usa "FOIL". (First–Out–In–Last):

$(x + 6)(x + 4) = x^2 + 4x + 6x + 24$

Ahora simplifica: $x^2 + 4x + 6x + 24 = x^2 + 10x + 24$

Práctica:

✎ **Encuentra cada producto.**

1) $(x + 5)(x + 5) =$

2) $(x + 5)(x - 10) =$

3) $(x + 8)(x + 9) =$

4) $(x - 7)(x - 8) =$

5) $(x + 1)(x + 4) =$

6) $(x + 6)(x - 9) =$

7) $(x - 3)(x + 7) =$

8) $(x - 6)(x - 4) =$

bit.ly/3aCsOFL

Find more at

Factorización de Trinomios

Para factorizar trinomios, puedes usar los siguientes métodos:

- "FOIL": $(x + a)(x + b) = x^2 + (b + a)x + ab$

- "Diferencia de Cuadrados":

$$a^2 - b^2 = (a + b)(a - b)$$

$$a^2 + 2ab + b^2 = (a + b)(a + b)$$

$$a^2 - 2ab + b^2 = (a - b)(a - b)$$

- "FOIL Inverso": $x^2 + (b + a)x + ab = (x + a)(x + b)$

Ejemplos:

Ejemplo 1. Factoriza este trinomio. $x^2 - 2x - 8$

Solución: Dividir la expresión en grupos. Necesitas encontrar dos números cuyo producto sea -8 y su suma sea -2. (Recuerde "FOIL Inverso": $x^2 + (b + a)x + ab = (x + a)(x + b)$). Esos dos números son 2 y -4. Entonces:

$$x^2 - 2x - 8 = \left(x^2 + 2x\right) + (-4x - 8)$$

Ahora factorize x de $x^2 + 2x : x(x + 2)$, y factorizamos -4 de $-4x - 8$: $-4(x + 2)$; Entonces: $\left(x^2 + 2x\right) + (-4x - 8) = x(x + 2) - 4(x + 2)$

Ahora factoriza el término similar: $(x + 2)$. Entonces: $(x + 2)(x - 4)$

Ejemplo 2. Factoriza este trinomio. $x^2 - 2x - 24$

Solución: Dividir la expresión en grupos: $\left(x^2 + 4x\right) + (-6x - 24)$

Ahora factoriza x de $x^2 + 4x : x(x + 4)$, y factorizamos -6 de

$-6x - 24$: $-6(x + 4)$; Entonces: $x(x + 4) - 6(x + 4)$, Ahora factoriza el término similar:

$(x + 4) \rightarrow x(x + 4) - 6(x + 4) = (x + 4)(x - 6)$

Práctica:

✍ *Factoriza cada trinomio.*

1) $x^2 + 11x + 30 =$

2) $x^2 - 6x - 7 =$

3) $x^2 + 8x + 7 =$

4) $x^2 - 12x + 20 =$

5) $x^2 - x - 20 =$

6) $x^2 - 3x - 54 =$

7) $x^2 + 21x + 110 =$

8) $x^2 - 9x - 36 =$

Capítulo 10: Respuestas

Simplificación de Polinomios

1) $18x - 12$ (Usa la Propiedad Distributiva: $6(3x - 2) = (6 \times 3x) - (6 \times 2)$. Entonces,

$6(3x - 2) = 18x - 12$)

2) $16x^2 + 40x$ (Usa la Propiedad Distributiva: $8x(2x + 5) = (8x \times 2x) + (8x \times 5)$. Entonces, $8x(2x + 5) = 16x^2 + 40x$)

3) $20x^2 - 8x$ (Usa la Propiedad Distributiva: $2x(10x - 4) = (2x \times 10x) - (2x \times 4)$. Entonces, $2x(10x - 4) = 20x^2 - 8x$)

4) $28x^2 + 21x$ (Usa la Propiedad Distributiva: $7x(4x + 3) = (7x \times 4x) + (7x \times 3)$. Entonces, $7x(4x + 3) = 28x^2 + 21x$)

5) $55x^2 - 66x$ (Usa la Propiedad Distributiva: $11x(5x - 6) = (11x \times 5x) - (11x \times 6)$. Entonces, $11x(5x - 6) = 55x^2 - 66x$)

6) $9x^2 + 21x$ (Usa la Propiedad Distributiva: $3x(3x + 7) = (3x \times 3x) + (3x \times 7)$. Entonces, $3x(3x + 7) = 9x^2 + 21x$)

7) $4x^2 - 13x + 10$ (Primero, aplica el método FOIL: $(a + b)(c + d) = ac + ad + bc + bd \rightarrow (4x - 5)(x - 2) = 4x^2 - 8x - 5x + 10$. Ahora combina términos similares: $4x^2 - 8x - 5x + 10 = 4x^2 - 13x + 10$)

8) $10x^2 - 23x - 21$ (Primero, aplica el método FOIL: $(a + b)(c + d) = ac + ad + bc + bd \rightarrow (x - 3)(10x + 7) = 10x^2 + 7x - 30x - 21$. Ahora combina términos similares: $10x^2 + 7x - 30x - 21 = 10x^2 - 23x - 21$)

Suma y Resta de Polinomios

1) $2x^2 + 2$ (Eliminar paréntesis:$(-4x^2 - 3) + (6x^2 + 5) = -4x^2 - 3 + 6x^2 + 5$. Ahora combina términos similares: $-4x^2 - 3 + 6x^2 + 5 = 2x^2 + 2$)

2) $3x^2 - 4$ (Primero, usa la Propiedad Distributiva: $-(6 - 2x^2) = -6 + 2x^2 \rightarrow (x^2 + 2) - (6 - 2x^2) = x^2 + 2 - 6 + 2x^2$. Ahora combina

términos similares:

$x^2 + 2x^2 = 3x^2$ y $2 - 6 = -4$. Entonces: $(x^2 + 2) - (6 - 2x^2) = 3x^2 - 4$)

3) $5x^3 + x^2 - 8$ (Primero, usa la Propiedad Distributiva: $-(3x^3 + 8) = -3x^3 - 8 \rightarrow$ $(8x^3 + x^2) - (3x^3 + 8) = 8x^3 + x^2 - 3x^3 - 8$. Now Combina términos similares: $8x^3 - 3x^3 = 5x^3$. Entonces: $(8x^3 + x^2) - (3x^3 + 8) = 5x^3 + x^2 - 8$)

4) $11x^3 - 2x^2 - x$ (Eliminar paréntesis:$(11x^3 - 5x^2) + (3x^2 - x) = 11x^3 - 5x^2 +$ $3x^2 - x$. Ahora, combina términos similares: $11x^3 - 5x^2 + 3x^2 - x = 11x^3 - 2x^2 -$ x)

5) $-2x^3 + x + 6$ (Primero, usa la Propiedad Distributiva: $-(7x^3 - 6) = -7x^3 + 6 \rightarrow$ $(5x^3 + x) - (7x^3 - 6) = 5x^3 + x - 7x^3 + 6$. Ahora combina términos similares: $5x^3 + x - 7x^3 + 6 = -2x^3 + x + 6$. Entonces: $(5x^3 + x) - (7x^3 - 6) = -2x^3 +$ $x + 6$)

6) $11x^3 - 9$ (Eliminar paréntesis:$(2x^3 - 12) + (9x^3 + 3) =$ $2x^3 - 12 + 9x^3 + 3$. Ahora combina términos similares: $2x^3 - 12 + 9x^3 + 3 =$ $11x^3 - 9$)

7) $8x^3 - 7$ (Primero, usa la Propiedad Distributiva: $-(11 - 2x^3) = -11 + 2x^3 \rightarrow (6x^3 +$ $4) - (11 - 2x^3) = 6x^3 + 4 - 11 + 2x^3$. Ahora combina términos similares: $6x^3 +$ $4 - 11 + 2x^3 = 8x^3 - 7$. Entonces: $(6x^3 + 4) - (11 - 2x^3) = 8x^3 - 7$)

8) $6x^3 + 10x^2 - 7$ (Primero, usa la Propiedad Distributiva: $-(2x^3 + 7) = -2x^3 - 7 \rightarrow$ $(10x^2 + 8x^3) - (2x^3 + 7) = 10x^2 + 8x^3 - 2x^3 - 7$. Ahora combina términos similares Y escribe en forma estándar: $10x^2 + 8x^3 - 2x^3 - 7 = 6x^3 + 10x^2 - 7$)

Multiplying Monomials

1) $-28x^9$(Usa la propiedad de multiplicación de los exponentes: $x^a \times x^b = x^{a+b} \rightarrow x^5 \times x^4 =$ $x^{5+4} = x^9$. Entonces: $4x^5 \times (-7x^4) = -28x^9$)

2) $18ab^{13}c^3$ (Encuentra las mismas variables y usar la propiedad de multiplicación de los exponentes: $x^a \times x^b = x^{a+b} \rightarrow b^7 \times b^6 = b^{7+6} = b^{13}$. Entonces, multiplicar coeficientes y variables: $6ab^7c^3 \times 3b^6 = 18ab^{13}c^3$)

3) $10u^{10}t^5$(Usa la propiedad de multiplicación de los

exponentes: $x^a \times x^b = x^{a+b} \rightarrow u^8 \times u^2 = u^{8+2} = u^{10}$ y $t^2 \times t^3 = t^{2+3} = t^5$. Entonces:

$(-5u^8t^2) \times (-2u^2t^3) = 10u^{10}t^5$)

4) $54x^9y^{14}$ (Usa la propiedad de multiplicación de los exponentes: $x^a \times x^b = x^{a+b} \rightarrow x^4 \times x^5 = x^{4+5} = x^9$ y $y^3 \times y^{11} = y^{3+11} = y^{14}$. Entonces: $9x^4y^3 \times 6x^5y^{11} = 54x^9y^{14}$)

5) $-15p^{13}q^9$(Usa la propiedad de multiplicación de los exponentes: $x^a \times x^b = x^{a+b} \rightarrow p^9 \times p^4 = p^{9+4} = p^{13}$ y $q^5 \times q^4 = q^{5+4} = q^9$. Entonces: $(-3p^9q^5) \times (5p^4q^4) = -15p^{13}q^9$)

6) $22a^{12}b^9$ (Usa la propiedad de multiplicación de los exponentes: $x^a \times x^b = x^{a+b} \rightarrow a^9 \times a^3 = a^{9+3} = a^{12}$ y $b^2 \times b^7 = b^{2+7} = b^9$. Entonces: $11a^9b^2 \times 2a^3b^7 = 22a^{12}b^9$)

7) $-36u^{14}t^{14}$ (Usa la propiedad de multiplicación de los exponentes: $x^a \times x^b = x^{a+b} \rightarrow u^6 \times u^8 = u^{6+8} = u^{14}$ y $t^2 \times t^{12} = t^{2+12} = t^{14}$. Entonces: $-4u^6t^2 \times 9u^8t^{12} = -36u^{14}t^{14}$)

8) $2p^{17}q^{10}$(Usa la propiedad de multiplicación de los exponentes: $x^a \times x^b = x^{a+b} \rightarrow p^{16} \times p = p^{16+1} = p^{17}$ y $q^8 \times q^2 = q^{8+2} = q^{10}$. Entonces: $(-p^{16}q^8) \times (-2pq^2) = 2p^{17}q^{10}$)

Multiplicación y División de Monomios

1) $20x^{11}y^5$ (Usar la propiedad de multiplicación de los exponentes: $x^a \times x^b = x^{a+b} \rightarrow$
$x^6 \times x^5 = x^{11}$ and$y^2 \times y^3 = y^5$. Entonces: $(5x^6y^2)(4x^5y^3) = 20x^{11}y^5$)

2) $48x^{10}y^{14}$ (Usar la propiedad de multiplicación de los exponentes: $x^a \times x^b = x^{a+b} \rightarrow$
$x^7 \times x^3 = x^{10}$ y $y^{10} \times y^4 = y^{14}$. Entonces: $(-6x^7y^{10})(-8x^3y^4) = 48x^{10}y^{14}$)

3) $-18x^9y^{10}$ (Usar la propiedad de multiplicación de los exponentes: $x^a \times x^b = x^{a+b} \rightarrow x \times x^8 = x^9$ y $y^9 \times y = y^{10}$. Entonces: $(2xy^9)(-9x^8y) = -18x^9y^{10}$)

4) $9x^4y^4$ (Usar la propiedad de división de los exponentes: $\frac{x^a}{x^b} = x^{a-b} \rightarrow \frac{x^8}{x^4} = x^{8-4} =$

x^4 y $\frac{y^9}{y^5} = y^{9-5} = y^4$. Entonces: $\frac{81x^8y^9}{9x^4y^5} = 9x^4y^4$)

5) $12x^2y$ (Usar la propiedad de división de los exponentes: $\frac{x^a}{x^b} = x^{a-b} \rightarrow \frac{x^7}{x^5} = x^{7-5} =$

x^2 y $\frac{y^5}{y^4} = y^{5-4} = y$. Entonces: $\frac{60x^7y^5}{5x^5y^4} = 12x^2y$)

6) $2x^5y^3$ (Usar la propiedad de división de los exponentes: $\frac{x^a}{x^b} = x^{a-b} \rightarrow \frac{x^7}{x^2} = x^{7-2} =$

x^5 y $\frac{y^6}{y^3} = y^{6-3} = y^3$. Entonces: $\frac{14x^7y^6}{7x^2y^3} = 2x^5y^3$)

Multiplicación de un Polinomio y un Monomio

1) $60x^2 + 30xy$ (Usa la Propiedad Distributiva: $6x(10x + 5y) =$
   $6x \times 10x + 6x \times 5y = 60x^2 + 30xy$)

2) $60x^2 - 30xy$ (Usa la Propiedad Distributiva: $10x(6x - 3y) =$
   $10x \times 6x + 10x \times (-3y) = 60x^2 - 30xy$)

3) $63x^2 + 14xy$ (Usa la Propiedad Distributiva: $7x(9x + 2y) =$
   $7x \times 9x + 7x \times 2y = 63x^2 + 14xy$)

4) $11x^2 + 110x$ (Usa la Propiedad Distributiva: $11x(x + 10) = 11x \times x + 11x \times 10 =$
   $11x^2 + 110x$)

5) $-36x^3y + 12xy$ (Usa la Propiedad Distributiva: $4x(-9x^2y + 3y) =$
   $4x \times (-9x^2y) + 4x \times 3y = -36x^3y + 12xy$)

6) $-12x^3 - 15x^2y + 27x$ (Usa la Propiedad Distributiva: $-3x(4x^2 + 5xy - 9) =$
   $-3x \times 4x^2 + (-3x) \times 5xy + (-3x)(-9) = -12x^3 - 15x^2y + 27x$)

7) $56x^2 - 16xy + 64x$ (Usa la Propiedad Distributiva: $8x(7x - 2y + 8) =$
   $8x \times 7x + 8x \times (-2y) + 8x \times 8 = 56x^2 - 16xy + 64x$)

8) $24x^3 + 36xy^2$ (Usa la Propiedad Distributiva: $6x(4x^2 + 6y^2) =$
   $6x \times 4x^2 + 6x \times 6y^2 = 24x^3 + 36xy^2$)

Multiplicación de Binomios

1) $x^2 + 10x + 25$ (Usa "FOIL". (First–Out–In–Last): $(x + 5)(x + 5) =$
   $x^2 + 5x + 5x + 25$. Ahora combina términos similares: $x^2 + 5x + 5x + 25 =$
   $x^2 + 10x + 25$)

2) $x^2 - 5x - 50$ (Usa "FOIL". (First–Out–In–Last): $(x + 5)(x - 10) =$
   $x^2 - 10x + 5x - 50$. Ahora combina términos similares: $x^2 - 10x + 5x - 50 =$
   $x^2 - 5x - 50$)

3) $x^2 + 17x + 72$ (Usa "FOIL". (First–Out–In–Last): $(x + 8)(x + 9) =$
   $x^2 + 9x + 8x + 72$. Ahora combina términos similares: $x^2 + 9x + 8x + 72 =$
   $x^2 + 17x + 72$)

4) $x^2 - 15x + 56$ (Usa "FOIL". (First–Out–In–Last): $(x - 7)(x - 8) =$
   $x^2 - 8x - 7x + 56$. Ahora combina términos similares: $x^2 - 8x - 7x + 56 =$
   $x^2 - 15x + 56$)

5) $x^2 + 5x + 4$ (Usa "FOIL". (First–Out–In–Last): $(x + 1)(x + 4) =$
   $x^2 + 4x + x + 4$. Ahora combina términos similares: $x^2 + 4x + x + 4 = x^2 + 5x +$
   4)

6) $x^2 - 3x - 54$ (Usa "FOIL". (First–Out–In–Last): $(x + 6)(x - 9) =$
   $x^2 + 6x - 9x - 54$. Ahora combina términos similares: $x^2 + 6x - 9x - 54 =$
   $x^2 - 3x - 54$)

7) $x^2 + 4x - 21$ (Usa "FOIL". (First–Out–In–Last): $(x - 3)(x + 7) =$
   $x^2 + 7x - 3x - 21$. Ahora combina términos similares: $x^2 + 7x - 3x - 21 =$
   $x^2 + 4x - 21$)

8) $x^2 - 10x + 24$ (Usa "FOIL". (First–Out–In–Last): $(x - 4)(x - 6) =$
   $x^2 - 4x - 6x + 24$. Ahora combina términos similares: $x^2 - 4x - 6x + 24 =$
   $x^2 - 10x + 24$)

Factorización de Trinomios

1) $(x + 5)(x + 6)$ (Dividir la expresión en grupos: $(x^2 + 6x) + (5x + 30)$. Ahora factoriza x de $x^2 + 6x : x(x + 6)$, y factoriza 5 de $5x + 30$: $5(x + 6)$; Entonces: $(x^2 + 6x) + (5x + 30) = x(x + 6) + 5(x + 6)$, Ahora factoriza el término similar: $(x + 6) \rightarrow x(x + 6) + 5(x + 6) = (x + 5)(x + 6)$)

2) $(x - 7)(x + 1)$ (Dividir la expresión en grupos: $(x^2 - 7x) + (x - 7)$. Ahora factoriza x de $x^2 - 7x : x(x - 7)$, Entonces: $(x^2 - 7x) + (x - 7) = x(x - 7) + (x - 7)$, Ahora factoriza el término similar: $(x - 7) \rightarrow$ $x(x - 7) + (x - 7) = (x - 7)(x + 1)$)

3) $(x + 7)(x + 1)$ (Dividir la expresión en grupos: $(x^2 + 7x) + (x + 7)$. Ahora factoriza x de $x^2 + 7x : x(x + 7)$, Entonces: $(x^2 + 7x) + (x + 7) = x(x + 7) +$ $(x + 7)$, Ahora factoriza el término similar: $(x + 7) \rightarrow$ $x(x + 7) + (x + 7) = (x + 7)(x + 1)$)

4) $(x - 2)(x - 10)$ (Dividir la expresión en grupos: $(x^2 - 2x) + (-10x + 20)$. Ahora factoriza x from $x^2 - 2x : x(x - 2)$, y factoriza -10 from $(-10x + 20)$: $-10(x - 2)$;Entonces: $(x^2 - 2x) + (-10x + 20) =$ $x(x - 2) - 10(x - 2)$, Ahora factoriza el término similar: $(x - 2) \rightarrow$ $x(x - 2) - 10(x - 2) = (x - 2)(x - 10)$)

5) $(x - 5)(x + 4)$ (Dividir la expresión en grupos: $(x^2 - 5x) + (4x - 20)$. Ahora factoriza x de $x^2 - 5x : x(x - 5)$, y factoriza 4 de $4x - 20$: $4(x - 5)$;Entonces: $(x^2 - 5x) + (4x - 20) = x(x - 5) + 4(x - 5)$, Ahora factoriza el término similar: $(x - 5) \rightarrow x(x - 5) + 4(x - 5) = (x - 5)(x + 4)$)

6) $(x - 9)(x + 6)$ (Dividir la expresión en grupos: $(x^2 - 9x) + (6x - 54)$. Ahora factoriza x de $x^2 - 9x : x(x - 9)$, y factoriza 6 de $6x - 54$: $6(x - 9)$;Entonces: $(x^2 - 9x) + (6x - 54) = x(x - 9) + 6(x - 9)$, Ahora factoriza el término similar: $(x - 9) \rightarrow x(x - 9) + 6(x - 9) = (x - 9)(x + 6)$)

7) $(x + 11)(x + 10)$ (Dividir la expresión en grupos: $(x^2 + 11x) + (10x + 110)$. Ahora factoriza x from $x^2 + 11x : x(x + 11)$, y factoriza 10 from $10x + 110 : 10(x + 11)$;Entonces: $(x^2 + 11x) + (10x + 110) = x(x + 11) + 10(x + 11)$, Ahora factoriza like term: $(x + 11) \to x(x + 11) + 10(x + 11) = (x + 11)(x + 10)$)

8) $(x + 3)(x - 12)$ (Dividir la expresión en grupos: $(x^2 + 3x) + (-12x - 36)$. Ahora factoriza x from $x^2 + 3x : x(x + 3)$, y factoriza -12 from $(-12x - 36)$: $-12(x + 3)$;Entonces: $(x^2 + 3x) + (-12x - 36) = x(x + 3) - 12(x + 3)$, Ahora factoriza like term: $(x + 3) \to x(x + 3) - 12(x + 3) = (x + 3)(x - 12)$)

CAPÍTULO

11 Geometría y Figuras Sólidas

Temas matemáticos que aprenderás en este capítulo:

- ☑ El Teorema de Pitágoras
- ☑ Ángulos Complementarios y Suplementarios
- ☑ Paralelas y Transversales
- ☑ Triángulos
- ☑ Triángulos Rectángulos Especiales
- ☑ Polígonos
- ☑ Círculos
- ☑ Trapezoides
- ☑ Cubos
- ☑ Prismas Rectangulares
- ☑ Cilindro

116

El Teorema de Pitágoras

- Puedes usar el teorema de pitágoras para encontrar un lado faltante en un triángulo rectángulo.

- En cualquier triángulo rectángulo: $a^2 + b^2 = c^2$

Ejemplos:

Ejemplo 1. El triángulo rectángulo ABC (que no se muestra) tiene dos catetos de 3 cm (AB) y 4 cm (AC) de longitud. ¿Cuál es la longitud de la hipotenusa del triángulo (lado BC)?

Solución: Usa el Teorema de Pitágoras: $a^2 + b^2 = c^2$, $a = 3$, and $b = 4$

Entonces: $a^2 + b^2 = c^2 \rightarrow 3^2 + 4^2 = c^2 \rightarrow 9 + 16 = c^2 \rightarrow 25 = c^2 \rightarrow c = \sqrt{25} = 5$

La longitud de la hipotenusa es 5 cm.

Ejemplo 1. Halla la hipotenusa de este triángulo.

Solución: Usa el Teorema de Pitágoras: $a^2 + b^2 = c^2$

Entonces: $a^2 + b^2 = c^2 \rightarrow 8^2 + 6^2 = c^2 \rightarrow 64 + 36 = c^2$

$c^2 = 100 \rightarrow c = \sqrt{100} = 10$

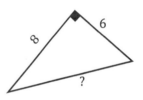

Práctica:

✍ *Encuentra el lado que falta.*

1)   2)   3)   4)

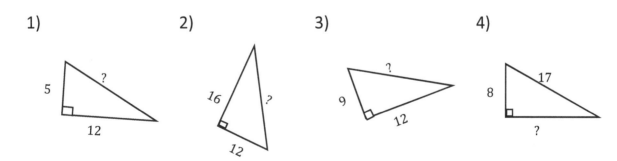

Ángulos Complementarios y Suplementarios

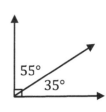

- Dos ángulos que suman 90 grados se llaman ángulos complementarios.

- Dos ángulos que suman 180 grados son ángulos suplementarios.

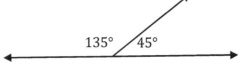

Ejemplos:

Ejemplo 1. Ángulos Q y S son suplementarios. Cuál es la medida del angulo Q si el ángulo S mide 35 grados?

Solución: Q y S son suplementarios $\rightarrow Q + S = 180 \rightarrow Q + 35 = 180 \rightarrow$

$$Q = 180 - 35 = 145$$

Ejemplo 2. Ángulos x y y son suplementarios. Cuál es la medida del angulo x si el ángulo y mide 16 grados?

Solución: Ángulos x y y son suplementarios $\rightarrow x + y = 90 \rightarrow x + 16 = 90 \rightarrow$

$$x = 90 - 16 = 74$$

Práctica:

✎ *Encuentra la medida que falta en el par de ángulos.*

1) $x =$ ___

2) $x =$ ___

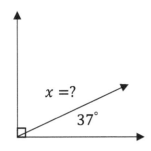

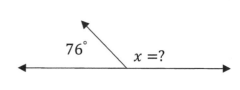

3) La medida de un ángulo es $49°$. Cuál es la medida de su ángulo complementario? ___

4) La medida de un ángulo es $143°$. Cuál es la medida de su ángulo complementario?___

Paralelas y Transversales

- Cuando una recta (transversal) corta a dos rectas paralelas en el mismo plano, se forman ocho ángulos. En el siguiente diagrama, una transversal se cruza con dos líneas paralelas. Los ángulos 1, 3, 5, y 7 son congruentes. Los ángulos 2, 4, 6, y 8 también son congruentes.

- En el siguiente diagrama, los siguientes ángulos son ángulos suplementarios (su suma es 180):

  ❖ Ángulos 1 y 8
  ❖ Ángulos 2 y 7
  ❖ Ángulos 3 y 6
  ❖ Ángulos 4 y 5

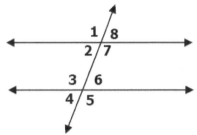

Ejemplo:

En el siguiente diagrama, dos rectas paralelas son cortadas por una transversal. ¿Cuál es el valor de x?

Solución: Los dos ángulos $3x - 15$ y $2x + 7$ son equivalentes. Es decir: $3x - 15 = 2x + 7$

Ahora, resuelve para x: $3x - 15 + 15 = 2x + 7 + 15$

$\rightarrow 3x = 2x + 22 \rightarrow 3x - 2x = 2x + 22 - 2x \rightarrow x = 22$

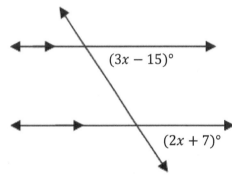

Práctica:

✍ **En los siguientes diagramas, resuelve para x.**

1) $x = $ ____

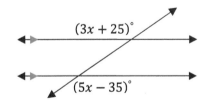

2) $x = $ ____

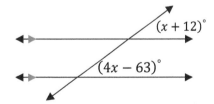

Triángulos

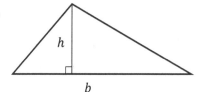

- En cualquier triángulo, la suma de todos los ángulos es 180 grados.
- Área de un triángulo $= \frac{1}{2}(base \times altura)$

Ejemplos:

Ejemplo 1. Cuál es el área de este triángulo?

Solución: Usa la fórmula del área:

Área $= \frac{1}{2}(base \times altura)$

$base = 14$ y $altura = 10$, entonces:

Área $= \frac{1}{2}(14 \times 10) = \frac{1}{2}(140) = 70\ in^2$

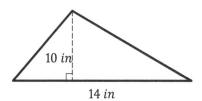

Ejemplo 2. ¿Cuál es el ángulo faltante en este triángulo?

Solución: En cualquier triángulo, la suma de todos los ángulos es de 180 grados. Sea x el ángulo faltante.

Entonces: $55 + 80 + x = 180 \rightarrow 135 + x = 180 \rightarrow$

$x = 180 - 135 = 45$

El ángulo que falta es de 45 grados.

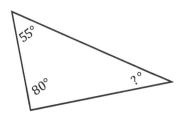

Práctica:

✎ *Encuentra la medida del ángulo desconocido en cada triángulo.*

1)

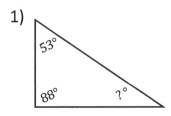

2)

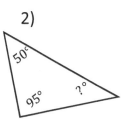

3)

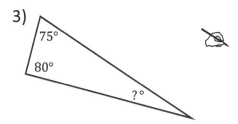

Calcula el área de cada triángulo.

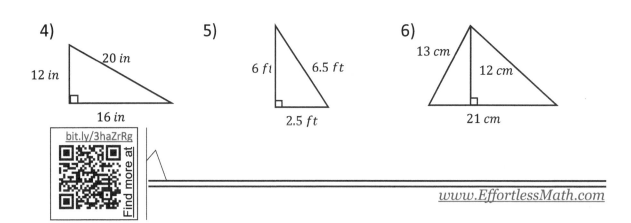

4)

5)

6)

Triángulos Rectángulos Especiales

- Un triángulo rectángulo especial es un triángulo cuyos lados están en una proporción particular. Dos triángulos rectángulos especiales son los triángulos $45° - 45° - 90°$ y $30° - 60° - 90°$.
- En un triángulo especial $45° - 45° - 90°$, los tres ángulos son $45°$, $45°$ y $90°$. Las longitudes de los lados de este triángulo están en la proporción de $1:1:\sqrt{2}$.
- En un triángulo especial $30° - 60° - 90°$, los tres ángulos son $30° - 60° - 90°$. Las longitudes de este triángulo están en la razón de $1:\sqrt{3}:2$.

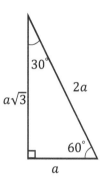

Ejemplos:

Ejemplo 1. Encuentra la longitud de la hipotenusa de un triángulo rectángulo si la longitud de los otros dos lados es de 4 pulgadas.

Solución: este es un triángulo rectángulo con dos lados iguales. Por lo tanto, debe ser un triángulo. $45° - 45° - 90°$. Dos lados equivalentes miden 4 pulgadas. La relación de los lados: $x:x:x\sqrt{2}$

La longitud de la hipotenusa es de $4\sqrt{2}$ pulgadas. $x:x:x\sqrt{2} \rightarrow 4:4:4\sqrt{2}$

Ejemplo 2. La longitud de la hipotenusa de un triángulo rectángulo es de 6 pulgadas. ¿Cuáles son las longitudes de los otros dos lados si un ángulo del triángulo es $30°$?

Solución: La hipotenusa mide 6 pulgadas y el triangulo es un triangulo $30° - 60° - 90°$. Entonces, un lado del triángulo es 3 (es la mitad del lado de la hipotenusa) y el otro lado es $3\sqrt{3}$. (es el lado menor por $\sqrt{3}$)

$x:x\sqrt{3}:2x \rightarrow x = 3 \rightarrow x:x\sqrt{3}:2x = 3:3\sqrt{3}:6$

Práctica:

✍ *Busca el valor de x y y en cada triángulo.*

1) $x = $ ___ $y = $ ___

2) $x = $ ___ $y = $ ___

3) $x = $ ___ $y = $ ___

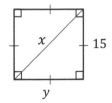

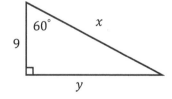

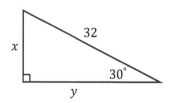

Polígonos

- El perímetro de un cuadrado = $4 \times lado = 4s$

- El perímetro de un rectángulo = 2(ancho + largo)

- El perímetro de un trapezoide = $a + b + c + d$

- El perímetro de un hexágono regular = $6a$

- El perímetro de un paralelogramo = $2(l + w)$

Ejemplos:

Ejemplo 1. Halla el perímetro del siguiente hexágono regular.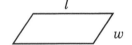

Solución: Como el hexágono es regular, todos los lados son iguales.

Entonces, el perímetro de un hexágono = $6 \times (un\ lado)$

El perímetro de un hexágono = $6 \times (un\ lado) = 6 \times 8 = 48\ m$

Ejemplo 2. Halla el perímetro del siguiente trapezoide.

Solución: El perímetro de un trapezoide = $a + b + c + d$

El perímetro de un trapezoide = $7 + 8 + 8 + 10 = 33\ ft$

Práctica:

✍ *Encuentra el perímetro de cada figura.*

1)
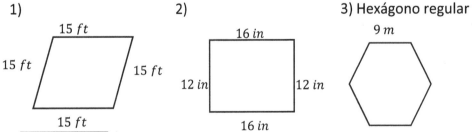

2)

3) Hexágono regular
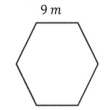

4) Cuadrado
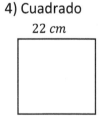

bit.ly/3nFNiGi
Find more at

Círculos

- En un círculo, la variable r suele utilizarse para el radio y d para el diámetro.

- *Área de un círculo* $= \pi r^2$ (π es aproximadamente 3.14)

- *Circunferencia* de un *círculo* $= 2\pi r$

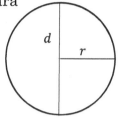

Ejemplos:

Ejemplo 1. Encuentra el área de este círculo. ($\pi = 3.14$)

Solución:

Usa la fórmula del área: $Área = \pi r^2$

$r = 6\ in \rightarrow Área = \pi(6)^2 = 36\pi$, ($\pi = 3.14$)

Entonces: $Área = 36 \times 3.14 = 113.04\ in^2$

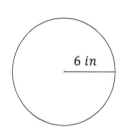

Ejemplo 2. Encuentre la circunferenciade este círculo. ($\pi = 3.14$)

Solución:

Utilice la fórmula de la circunferencia: $Circunferencia = 2\pi r$

$r = 8\ cm \rightarrow Circunferencia = 2\pi(8) = 16\pi$

($\pi = 3.14$), Entonces: $Circunferencia = 16 \times 3.14 = 50.24\ cm$

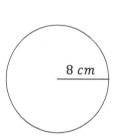

Práctica:

✎ ***Encuentra la circunferencia de cada círculo. ($\pi = 3.14$)***

1) ____   2) ____   3) ____   4) ____   5) ____

Trapezoides

- Un cuadrilátero con al menos un par de lados paralelos es un trapezoide.

- Área de un trapezoide $= \frac{1}{2}h(b_1 + b_2)$

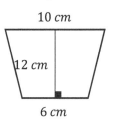

Ejemplos:

Ejemplo 1. Calcula el área de este trapezoide.

Solución:

Usa la fórmula del área: $A = \frac{1}{2}h(b_1 + b_2)$

$b_1 = 6\ cm$, $b_2 = 10\ cm$ y $h = 12\ cm$

Entonces: $A = \frac{1}{2}(12)(10 + 6) = 6(16) = 96\ cm^2$

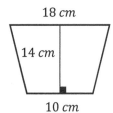

Ejemplo 2. Calcula el área de este trapezoide.

Solución:

Usa la fórmula del área: $A = \frac{1}{2}h(b_1 + b_2)$

$b_1 = 10\ cm$, $b_2 = 18\ cm$ y $h = 14\ cm$

Entonces: $A = \frac{1}{2}(14)(10 + 18) = 196\ cm^2$

Práctica:

✎ *Halla el área de cada trapezoide.*

1)

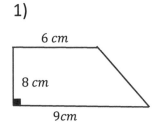

2)

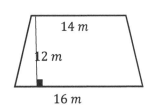

3)

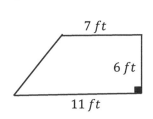

4)

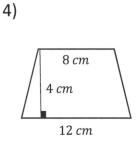

bit.ly/3hpKACJ

Cubos

- Un cubo es un objeto sólido tridimensional delimitado por seis lados cuadrados.

- El volumen es la medida de la cantidad de espacio dentro de una figura sólida, como un cubo, una bola, un cilindro o una pirámide.

- El volumen de un cubo = $(un\ lado)^3$

- El área de la superficie de un cubo = $6 \times (un\ lado)^2$

Ejemplos:

Ejemplo 1. Encuentra el volumen y el área de la superficie de este cubo.

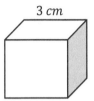

Solución: Usar fórmula de volumen: $volumen = (un\ lado)^3$

Entonces: $volumen = (un\ lado)^3 = (3)^3 = 27\ cm^3$

Utilice la fórmula del área de superficie:

superficie de un cubo: $6(un\ lado)^2 = 6(3)^2 = 6(9) = 54\ cm^2$

Ejemplo 1. Encuentra el volumen y el área de la superficie de este cubo.

Solución: Usar fórmula de volumen: $volumen = (un\ lado)^3$

Entonces: $volumen = (un\ lado)^3 = (6)^3 = 216\ cm^3$

Utilice la fórmula del área de superficie:

superficie de un cubo: $6(un\ lado)^2 = 6(6)^2 = 6(36) = 216\ cm^2$

Práctica:

🖎 *Halla el volumen de cada cubo*

1)

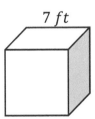

7 ft

2)

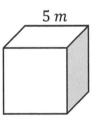

5 m

3)

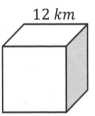

12 km

4)

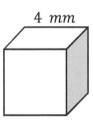

4 mm

Prismas Rectangulares

- Un prisma rectangular es un objeto tridimensional sólido con seis caras rectangulares.
- El volumen de un prisma rectangular $= Largo \times Ancho \times Alto$

  $Volumen = l \times w \times h$

  $\acute{A}rea\ de\ Surperficie = 2 \times (wh + lw + lh)$

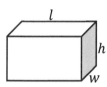

Ejemplos:

Ejemplo 1. Encuentra el volumen y el área de la superficie de este ⟶ prisma rectangular.

Solución: Usar fórmula de volumen: $Volumen = l \times w \times h$

Entonces: $Volumen = 7 \times 5 \times 9 = 315\ m^3$

Utilice la fórmula del área de superficie: $\acute{A}rea\ de\ Surperficie = 2 \times (wh + lw + lh)$

Entonces: $\acute{A}rea\ de\ Surperficie = 2 \times ((5 \times 9) + (7 \times 5) + (7 \times 9))$

$= 2 \times (45 + 35 + 63) = 2 \times (143) = 286\ m^2$

Ejemplo 2. Encuentra el volumen y el área de la superficie de este prisma rectangular.

Solución: Usar fórmula de volumen: $Volumen = l \times w \times h$

Entonces: $Volumen = 9 \times 6 \times 12 = 648\ m^3$

Utilice la fórmula del área de superficie: $\acute{A}rea\ de\ Surperficie = 2 \times (wh + lw + lh)$

Entonces: $\acute{A}rea\ de\ Surperficie = 2 \times ((6 \times 12) + (9 \times 6) + (9 \times 12))$

$= 2 \times (72 + 54 + 108) = 2 \times (234) = 468\ m^2$

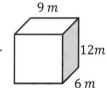

Práctica:

✎ *Encuentra el volumen de cada prisma rectangular.*

1)

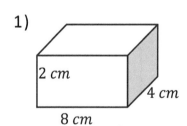

2)

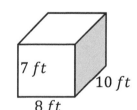

3)

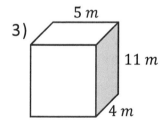

Cilindro

- Un cilindro es una figura geométrica sólida con lados rectos paralelos y una sección transversal circular u ovalada.
- *El volumen de un cilindro* $= \pi(radio)^2 \times altura$, $\pi \approx 3.14$
- *El área de superficie de un cilindro* $= 2\pi r^2 + 2\pi rh$

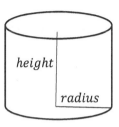

Ejemplos:

Ejemplo 1. Encuentre el volumen y el área de la superficie del siguiente cilindro.

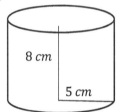

Solución: Usar fórmula de volumen: $Volumen = \pi(radio)^2 \times altura$. Entonces: $Volumen = \pi(4)^2 \times 10 = 16\pi \times 10 = 160\pi$

$\pi = 3.14$, Entonces: $Volumen = 160\pi = 160 \times 3.14 = 502.4\ cm^3$

Utilice la fórmula del área de superficie: $Área\ de\ superficie = 2\pi r^2 + 2\pi rh$

Entonces: $2\pi(4)^2 + 2\pi(4)(10) = 2\pi(16) + 2\pi(40) = 32\pi + 80\pi = 112\pi$

$\pi = 3.14$, Entonces: $Área\ de\ superficie = 112 \times 3.14 = 351.68\ cm^2$

Ejemplo 2. Encuentre el volumen y el área de la superficie del siguiente cilindro.

Solución: Usar fórmula de volumen: $Volumen = \pi(radio)^2 \times altura$. Entonces: $Volumen = \pi(5)^2 \times 8 = 25\pi \times 8 = 200\pi$

$\pi = 3.14$, Entonces: $Volumen = 200\pi = 628\ cm^3$

Utilice la fórmula del área de superficie: $Área\ de\ superficie = 2\pi r^2 + 2\pi rh$

Entonces: $2\pi(5)^2 + 2\pi(5)(8) = 2\pi(25) + 2\pi(40) = 50\pi + 80\pi = 130\pi$

$\pi = 3.14$ Entonces: $Área\ de\ superficie = 130 \times 3.14 = 408.2\ cm^2$

Práctica:

✎ **Encuentra el volumen de cada cilindro. Redondea tu respuesta a la décima más cercana.** ($\pi = 3.14$)

1)

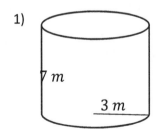

2)

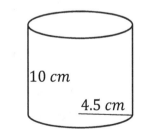

3)

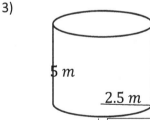

Capítulo 11: Respuestas

El Teorema de Pitágoras

1) 13 (Usa el Teorema de Pitágoras: $a^2 + b^2 = c^2$. Entonces: $a^2 + b^2 = c^2 \rightarrow$ $5^2 + 12^2 = c^2 \rightarrow 25 + 144 = c^2 \rightarrow c^2 = 169 \rightarrow c = \sqrt{169} = 13$)

2) 20 (Usa el Teorema de Pitágoras: $a^2 + b^2 = c^2$. Entonces: $a^2 + b^2 = c^2 \rightarrow$ $16^2 + 12^2 = c^2 \rightarrow 256 + 144 = c^2 \rightarrow c^2 = 400 \rightarrow c = \sqrt{400} = 20$)

3) 15 (Usa el Teorema de Pitágoras: $a^2 + b^2 = c^2$. Entonces: $a^2 + b^2 = c^2 \rightarrow$ $9^2 + 12^2 = c^2 \rightarrow 81 + 144 = c^2 \rightarrow c^2 = 225 \rightarrow c = \sqrt{225} = 15$)

4) 15 (Usa el Teorema de Pitágoras: $a^2 + b^2 = c^2$. Entonces: $a^2 + b^2 = c^2 \rightarrow$ $8^2 + b^2 = 17^2 \rightarrow 64 + b^2 = 289 \rightarrow b^2 = 289 - 64 = 225 \rightarrow b = \sqrt{225} = 15$)

Ángulos Complementarios y Suplementarios

1) $x = 53°$ (Observa que los dos ángulos forman un ángulo recto. Esto significa que los ángulos son complementarios y su suma es 90. Entonces: $37° + x = 90° \rightarrow$ $x = 90° - 37° = 53°$. El ángulo que falta es de 53 grados. $x = 53°$)

2) $x = 104°$ (Los ángulos son suplementarios, y su suma es 180. Entonces: $76° + x = 180 \rightarrow x = 180° - 76° = 104°$. El ángulo que falta es de 104 grados. $x = 104°$)

3) $x = 41°$ ($49° + x = 90° \rightarrow x = 90° - 49° = 41°$)

4) $x = 37°$ ($143° + x = 180° \rightarrow x = 180° - 143° = 37°$)

Paralelas y Transversales

1) $x = 30$ (Los dos ángulos $3x + 25$ y $5x - 35$ son equivalentes. Es decir: $3x + 25 = 5x - 35$. Ahora, resuelve para x: $3x + 25 - 25 = 5x - 35 - 25 \rightarrow$ $3x = 5x - 60 \rightarrow 3x - 5x = 5x - 60 - 5x \rightarrow 2x = 60 \rightarrow x = 30$)

2) $x = 25$ (Los dos ángulos $x + 12$ y $4x - 63$ son equivalentes. Es decir: $x + 12 = 4x - 63$. Ahora, resuelve para x: $x + 12 - 12 = 4x - 63 - 12 \rightarrow$

$$x = 4x - 75 \rightarrow x - 4x = 4x - 75 - 4x \rightarrow -3x = -75 \rightarrow \frac{-3x}{-3} = \frac{-75}{-3} \rightarrow x = 25$$
)

Triángulos

1) 39 (En todo triangulo la suma de todos los angulos es 180 grados. Sea x el ángulo faltante. Entonces: $53 + 88 + x = 180 \rightarrow 141 + x = 180 \rightarrow x = 180 - 141 = 39$)

2) 35 (En todo triangulo la suma de todos los angulos es 180 grados. Sea x el ángulo faltante. Entonces: $50 + 95 + x = 180 \rightarrow 145 + x = 180 \rightarrow x = 180 - 145 = 35$)

3) 25 (En todo triangulo la suma de todos los angulos es 180 grados. Sea x el ángulo faltante. Entonces: $80 + 75 + x = 180 \rightarrow 155 + x = 180 \rightarrow x = 180 - 155 = 25$)

4) $96\ in^2$ (Usa la fórmula del área: $\text{Área} = \frac{1}{2}(base \times altura)$. $base = 16$ y $altura = 12$, Entonces: $\text{Área} = \frac{1}{2}(16 \times 12) = \frac{1}{2}(192) = 96\ in^2$)

5) $7.5\ ft^2$ (Usa la fórmula del área: $\text{Área} = \frac{1}{2}(base \times altura)$. $base = 2.5$ y $altura = 6$, Entonces: $\text{Área} = \frac{1}{2}(2.5 \times 6) = \frac{1}{2}(15) = 7.5\ ft^2$)

6) $126\ cm^2$ (Usa la fórmula del área: $\text{Área} = \frac{1}{2}(base \times altura)$. $base = 21$ y $altura = 12$, Entonces: $\text{Área} = \frac{1}{2}(21 \times 12) = \frac{1}{2}(252) = 126\ cm^2$)

Triángulos Rectángulos Especiales

1) $x = 15\sqrt{2}, y = 15$ (Esta forma es un cuadrado por lo que todos sus lados son iguales y los dos triángulos son triángulos $45° - 45° - 90°$. Los lados equivalentes son 15. La relación de los lados: $x:x:x\sqrt{2}$. La longitud de la hipotenusa es $15\sqrt{2}$. $x = 15\sqrt{2}$)

2) $x = 18, y = 9\sqrt{3}$ (El lado más pequeño mide 9 y el triángulo es un $30° - 60° - 90°$. Entonces, un lado del triángulo es 18 (la hipotenusa es el doble del lado pequeño) y el otro lado es $9\sqrt{3}$. $9:9\sqrt{3}:18 \rightarrow x = 18$, $y = 9\sqrt{3}$)

3) $x = 16, y = 16\sqrt{3}$ (La hipotenusa es 32 y el triángulo es un $30° - 60° - 90°$. Entonces, un lado del triangulo es 16 (es la mitad del lado de la hipotenusa) y el otro lado es $16\sqrt{3}$. (es el lado menor por $\sqrt{3}$) $16: 16\sqrt{3}: 32 \rightarrow x = 16, y = 16\sqrt{3}$)

Polígonos

1) $60\ ft$ (Como todos los lados de la figura son iguales, el perímetro es igual a: $4 \times (one\ side) = 4 \times 15 = 60\ ft$)

2) $56\ in$ (El perímetro de un rectángulo $= 2(ancho + largo)$. El perímetro de un rectángulo $= 2(12 + 16) = 56\ in$)

3) $54\ m$ (Como el hexágono es regular, todos los lados son iguales. Entonces, el perímetro del hexágono $= 6 \times (un\ lado)$. El perímetro del hexágono $= 6 \times (un\ lado) = 6 \times 9 = 54\ m$)

4) $88\ cm$ (El perímetro de un cuadrado $= 4 \times lado = 4s$. El perímetro de un cuadrado $= 4 \times 22 = 88\ cm$)

Circles

1) $56.52\ in$ (Utilice la fórmula de la circunferencia: $Circunferencia = 2\pi r$. $r = 9\ in \rightarrow Circunferencia = 2\pi(9) = 2 \times 3.14 \times 9 = 56.52\ in$)

2) $69.08\ cm$ (Utilice la fórmula de la circunferencia: $Circunferencia = 2\pi r$. $r = 11\ cm \rightarrow Circunferencia = 2\pi(11) = 2 \times 3.14 \times 11 = 69.08\ cm$)

3) $94.2\ ft$ (Utilice la fórmula de la circunferencia: $Circunferencia = 2\pi r$. $r = 15\ ft \rightarrow Circunferencia = 2\pi(15) = 2 \times 3.14 \times 15 = 94.2\ ft$)

4) $119.32\ m$ (Utilice la fórmula de la circunferencia: $Circunferencia = 2\pi r$. $r = 19\ m \rightarrow Circunferencia = 2\pi(19) = 2 \times 3.14 \times 19 = 119.32\ m$)

5) $157\ cm$ (Utilice la fórmula de la circunferencia: $Circunferencia = 2\pi r$. $r = 25\ cm \rightarrow Circunferencia = 2\pi(25) = 2 \times 3.14 \times 25 = 157\ cm$)

Trapezoides

1) $60\ cm^2$ (Usa la fórmula del área: $A = \frac{1}{2}h(b_1 + b_2) \rightarrow b_1 = 6\ cm, b_2 = 9\ cm$ y $h = 8\ cm$. Entonces: $A = \frac{1}{2}(8)(6 + 9) = 4(15) = 60\ cm^2$)

2) $180\ m^2$ (Usa la fórmula del área: $A = \frac{1}{2}h(b_1 + b_2) \rightarrow b_1 = 14\ cm, b_2 = 16\ cm$ y $h = 12\ cm$. Entonces: $A = \frac{1}{2}(12)(14 + 16) = 6(30) = 180\ m^2$)

3) $54\ ft^2$ (Usa la fórmula del área: $A = \frac{1}{2}h(b_1 + b_2) \rightarrow b_1 = 7\ cm, b_2 = 11\ cm$ y $h = 6\ cm$. Entonces: $A = \frac{1}{2}(6)(7 + 11) = 3(18) = 54\ ft^2$)

4) $40\ cm^2$ (Usa la fórmula del área: $A = \frac{1}{2}h(b_1 + b_2) \rightarrow b_1 = 8\ cm, b_2 = 12\ cm$ y $h = 4\ cm$. Entonces: $A = \frac{1}{2}(4)(8 + 12) = 2(20) = 40\ cm^2$)

Cubos

1) $343\ ft^3$ (Usar fórmula de volumen: $volumen = (un\ lado)^3$. Entonces: $volumen = (un\ lado)^3 = (7)^3 = 343\ ft^3$)

2) $125\ m^3$ (Usar fórmula de volumen: $volumen = (un\ lado)^3$. Entonces: $volumen = (un\ lado)^3 = (5)^3 = 125\ m^3$)

3) $1{,}728\ km^3$ (Usar fórmula de volumen: $volumen = (un\ lado)^3$. Entonces: $volumen = (un\ lado)^3 = (12)^3 = 1{,}728 km^3$)

4) $64\ mm^3$ (Usar fórmula de volumen: $volumen = (un\ lado)^3$. Entonces: $volumen = (un\ lado)^3 = (42)^3 = 64\ mm^3$)

Prismas Rectangulares

1) $64\ cm^3$ (Usar fórmula de volumen: $Volumen = l \times w \times h$. Entonces: $Volumen = 8 \times 4 \times 2 = 64\ cm^3$)

2) $560 \; ft^3$ (Usar fórmula de volumen: $Volumen = l \times w \times h$. Entonces: $Volumen = 8 \times 10 \times 7 = 560 \; ft^3$)

3) $220 \; m^3$ (Usar fórmula de volumen: $Volumen = l \times w \times h$. Entonces: $Volumen = 5 \times 4 \times 11 = 220 \; m^3$)

12

Cilindro

1) $197.8 \; m^3$ (Usar fórmula de volumen: $Volumen = \pi(radio)^2 \times altura$. Entonces: $Volumen = \pi(3)^2 \times 7 = 9\pi \times 7 = 63\pi \rightarrow \pi = 3.14$, Entonces:
$Volumen = 63\pi = 63 \times 3.14 = 197.82 \approx 197.8 \; m^3$)

2) $635.9 \; cm^3$ (Usar fórmula de volumen: $Volumen = \pi(radio)^2 \times altura$. Entonces: $Volumen = \pi(4.5)^2 \times 10 = 20.25\pi \times 10 = 202.5\pi \rightarrow \pi = 3.14$, Entonces: $Volumen = 202.5\pi = 202.5 \times 3.14 = 635.85 \; cm^3 \approx 635.9 \; cm^3$)

3) $98.1 \; m^3$ (Usar fórmula de volumen: $Volumen = \pi(radio)^2 \times altura$. Entonces: $Volumen = \pi(2.5)^2 \times 5 = 6.25\pi \times 5 = 31.25\pi \rightarrow \pi = 3.14$, Entonces: $Volumen = 31.25\pi = 31.25 \times 3.14 = 98.125 \; m^3 \approx 98.1 \; m^3$)

Capítulo

Estadística

Temas matemáticos que aprenderás en este capítulo:

- ☑ Media, Medianaa, Moda y Rango de los Datos Dados
- ☑ Gráfico Circular
- ☑ Problemas de Probabilidad
- ☑ Permutaciones y Combinaciones

133

Media, Medianaa, Moda y Rango de los Datos Dados

- **Media:** $\dfrac{suma\ de\ los\ datos}{número\ total\ de\ entrada\ de\ datos}$

- **Moda:** el valor en la lista que aparece con más frecuencia.

- **Mediana:** es el numero medio de un grupo de numeros arRangod ordenados por tamaño.

- **Rango:** la diferencia entre el valor más grande y el valor más pequeño en la lista.

Ejemplos:

Ejemplo 1. Cuál es la mediana de estos numeros? $6, 11, 15, 10, 17, 20, 7$

Solución: Escribe los números en orden.: $6, 7, 10, 11, 15, 17, 20$
La Mediana es el número del medio. Por lo tanto, la Mediana es 11.

Ejemplo 2. Cual es la Media de estos numeros? $7, 2, 3, 2, 4, 8, 7, 5$

Solución: Media: $\dfrac{suma\ de\ los\ datos}{número\ total\ de\ entrada\ de\ datos} = \dfrac{7+2+3+2+4+8+7+5}{8} = \dfrac{38}{8} = 4.75$

Práctica:

✎ *Resuelve.*

1) En una competencia de lanzamiento de jabalina, cinco atletas marcan 75, 78, 80, 76 y 84 metros. Cuáles son su Media y Mediana? _____

2) Eva fue a la tienda y compró 5 manzanas, 3 duraznos, 11 plátanos, 6 piñas y 2 melones. Cuales son los Media y Mediana de su compra? _____

✎ *Encuentra Moda y Rango de los datos dados.*

3) $12, 8, 11, 10, 2, 5, 11$

   Moda: _____   Rango: _____

4) $52, 53, 45, 50, 53, 54, 52, 53, 56$

   Moda: _____   Rango: _____

5) $6, 5, 8, 10, 6, 9, 6, 5, 8, 10$

   Moda: _____   Rango: _____

6) $17, 10, 9, 9, 3, 3, 9, 11$

   Moda: _____   Rango: _____

Gráfico Circular

- Un Gráfico Circular es un gráfico dividido en sectores, cada sector representa el tamaño relativo de cada valor.
- Los gráficos circulares representan una instantánea de cómo se divide un grupo en partes más pequeñas.

Ejempplo:

Una biblioteca tiene 750 libros que incluyen Matemáticas, Física, Química, Inglés e Historia. Usa el siguiente gráfico para responder las preguntas.

Ejemplo 1. ¿Cuál es el número de libros de Matemáticas?

Solución: Número de libros totales = 750

Porcentaje de libros de Matemáticas = 28%

Entonces, el número de libros de Matemáticas:

$28\% \times 750 = 0.28 \times 750 = 210$

Ejemplo 2. ¿Cuál es el número de libros de historia?

Solución: Número de libros totales = 750

Porcentaje de libros de historia = 12%

Entonces: $0.12 \times 750 = 90$

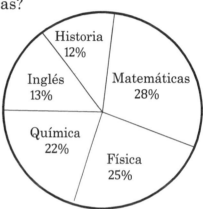

Práctica:

🖎 *El siguiente gráfico circular muestra todos los gastos de Jane durante el último mes. Jane gastó $300 en sus cuentas el mes pasado.*

1) Cuánto gastó Jane en su carro el mes pasado? _____

2) Cuánto gastó Jane en alimentos el mes pasado? _____

3) Cuánto gastó Jane en su alquiler el mes pasado? _____

4) Qué fracción son los gastos de Jane por sus facturas y automóvil de sus gastos totals el mes pasado?

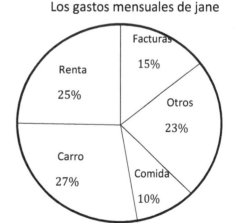

Los gastos mensuales de jane

Find more at bit.ly/34ECTDv

Problemas de Probabilidad

- La probabilidad es la posibilidad de que algo suceda en el futuro. Se expresa como un número entre cero (nunca puede suceder) y 1 (siempre sucederá).

- La probabilidad se puede expresar como una fracción, un decimal o un porcentaje.

- Fórmula de probabilidad: $Probabilidad = \frac{\text{número de resultados deseados}}{\text{número de resultados totales}}$

Ejemplos:

Ejemplo 1. La bolsa de dulce o truco de Anita contiene 10 piezas de chocolate, 16 chupones, 16 piezas de chicle, 22 piezas de regaliz. Si al azar saca un caramelo de su bolsa, ¿cuál es la probabilidad de que saque un caramelo?

Solución: $Probabilidad = \frac{\text{número de resultados deseados}}{\text{número de resultados totales}}$

$Probabilidad\ de\ sacar\ un\ pedazo\ de\ lechón = \frac{16}{10+16+16+22} = \frac{16}{64} = \frac{1}{4}$

Ejemplo 2. Una bolsa contiene 20 bolas: cuatro verdes, cinco negras, ocho azules, una marrón, una roja y una blanca. Si se sacan 19 bolas de la bolsa al azar, ¿cuál es la probabilidad de que se haya sacado una bola marrón?

Solución: Si se sacan 19 bolas de la bolsa al azar, habrá una bola en la bolsa. La probabilidad de elegir una bola marrón es 1 de 20. Por lo tanto, la probabilidad de no elegir una bola marrón es 19 de 20 y la probabilidad de no tener una bola marrón después de sacar 19 bolas es la misma. La respuesta es: $\frac{19}{20}$

Práctica:

✎ *Resuelve.*

1) Se elige un número al azar de 1 al 15. Halla la probabilidad de sacar un número par. _____

2) En una bolsa hay 4 canicas rojas, 2 canicas amarillas y 3 canicas blancas. Accidentalmente sacamos una tuerca. Cuál es la probabilidad de que salgan canicas rojas? Cuál es la probabilidad de que no salgan canicas blancas?
_____

Permutaciones y Combinaciones

- **Los factoriales** son productos, indicados por un signo de exclamación. Por ejemplo, 4! = $4 \times 3 \times 2 \times 1$ (Recuerde que 0! se define como igual a 1)

- **Permutaciones:** el número de formas de elegir una muestra de k elementos de un conjunto de n objetos distintos donde el orden sí importa y no se permiten reemplazos. Para un problema de permutación, use esta fórmula:
$$_nP_k = \frac{n!}{(n-k)!}$$

- **Combinación:** el número de formas de elegir una muestra de r elementos de un conjunto de n objetos distintos donde el orden no importa y no se permiten reemplazos. Para un problema de combinación, use esta fórmula:
$$_nC_r = \frac{n!}{r!\,(n-r)!}$$

Ejemplos:

Ejemplo 1. ¿De cuántas maneras se puede otorgar el primer y segundo lugar a 7 personas?

Solución: Dado que el orden es importante (¡el primer y segundo lugar son diferentes!), Necesitamos usar la fórmula de permutación donde n es 7 y k es 2. Entonces: $\frac{n!}{(n-k)!} = \frac{7!}{(7-2)!} = \frac{7!}{5!} = \frac{7\times6\times5!}{5!}$, quitar 5! de ambos lados de la fracción.
Entonces: $\frac{7\times6\times5!}{5!} = 7 \times 6 = 42$

Ejemplo 2. ¿De cuántas maneras podemos elegir un equipo de 3 personas de un grupo de 8?

Solución: Como el orden no importa, necesitamos usar una fórmula de combinación donde n es 8 y r es 3.
Entonces: $\frac{n!}{r!\,(n-r)!} = \frac{8!}{3!\,(8-3)!} = \frac{8!}{3!\,(5)!} = \frac{8\times7\times6\times5!}{3!\,(5)!} = \frac{8\times7\times6}{3\times2\times1} = \frac{336}{6} = 56$

Práctica:

✎ *Resuelve.*

1) Cómo se pueden seleccionar 4 personas de 6 estudiantes para participar en un equipo de montañismo? _____

2) De cuántas maneras puedes regalar 6 flores a tus 10 amigos? _____

3) En una competencia de 14 participantes, ¿de cuántas maneras pueden llegar tres medallas de oro, plata y bronce a los participantes? _____

4) De cuántas maneras puede un maestro elegir a 13 de 16 estudiantes? _____

Capítulo 12: Respuestas

Media, Mediana, Moda y Rango de los Datos Dados

1) Media: 78.6 Mediana:78 (Escribe los números en orden: $75, 76, 78, 80, 84$. La Mediana es el número del medio. Por lo tanto, la Mediana es 78.

Media: $\dfrac{suma \text{ de los datos}}{número \text{ } total \text{ } de \text{ } entrada \text{ } de \text{ } datos} = \dfrac{75+78+80+76+84}{5} = \dfrac{393}{5} = 78.6$)

2) Media: 5.4 Mediana: 5 (Escribe los números en orden: $2, 3, 5, 6, 11$. La Mediana es el número del medio. Por lo tanto, la Mediana es 5.

Media: $\dfrac{suma \text{ de los datos}}{número \text{ } total \text{ } de \text{ } entrada \text{ } de \text{ } datos} = \dfrac{2+3+5+6+11}{5} = \dfrac{27}{5} = 5.4$)

3) Moda: 11 Rango: 10 (La Moda es el número 11. Hay dos número 11 en los datos Rango es la diferencia del valor más grande y el valor más pequeño en la lista. El mayor valor es 12 y el menor valor es 2 . Entonces: $12 - 2 = 10$)

4) Moda: 53 Rango: 11 (La Moda es el número 53. Hay tres número 53 en los datos Rango es la diferencia del valor más grande y el valor más pequeño en la lista. El mayor valor es 56 y el menor valor es 45. Entonces: $56 - 45 = 11$)

5) Moda: 6 Rango: 5 (La Moda es el número 6. There are three number 6 en los datos Rango es la diferencia del valor más grande y el valor más pequeño en la lista. El mayor valor es 10 y el menor valor es 5 . Entonces: $10 - 5 = 5$)

6) Moda: 9 Rango: 14 (La Moda es el número 9. There are three number 9 en los datos Rango es la diferencia del valor más grande y el valor más pequeño en la lista. El mayor valor es 17 y el menor valor es 3 . Entonces: $17 - 3 = 14$)

Gráfico Circular

1) 540 (Jane gastó en sus cuentas $= 15\% \times$ el monto total de lo gastos de Jane$\rightarrow$ $300 = 15\% \times$ el monto total de lo gastos de Jane $\rightarrow$ el monto total de los gastos de Jane$= \dfrac{300}{0.15} = \$2,000$, Porcentaje de gasto de Jane en su auto $= 27\%$. Entonces, Jane gastó en su auto: $27\% \times 2,000 = 0.27 \times 2,000 = 540$)

2) 200 (Porcentajes de gastos de Jane en alimentos $= 10\%$. Entonces, Jane gastó en alimentos: $10\% \times 2,000 = 0.1 \times 2,000 = 200$)

3) 500 (Porcentajes de gastos de Jane en su alquiler = 10%. Entonces, Jane gastó en su alquiler: $25\% \times 2,000 = 0.25 \times 2,000 = 500$)

4) $\frac{21}{50}$ (Los gastos de Jane para sus facturas y automóvil de sus gastos totales=
$\frac{Porcetanje\ de\ gasto\ de\ Jane\ en\ su\ coche+Porcetanje\ de\ gasto\ de\ Jane\ en\ su\ factura}{100}=$
$\frac{15+27}{100} = \frac{42}{100} = \frac{21}{50}$)

Problemas de Probabilidad

1) $\frac{7}{15}$ (Números pares entre 1 y 15 $\rightarrow \{2, 4, 6, 8, 10, 12, 14\}$.

$Probabilidad = \frac{número\ de\ \text{resultados deseados}}{número\ de\ \text{resultados totales}} = \frac{Número\ de\ números\ pares\ entre\ 1\ y\ 15}{número\ de\ \text{resultados totales}} = \frac{7}{15}$)

2) $\frac{4}{9}, \frac{2}{3}$ (El número total de canicas es 9 y 4 de ellas son rojas. Entonces:

$probabilidad\ de\ canicas\ rojas = \frac{número\ de\ \text{resultados deseados}}{número\ de\ \text{resultados totales}} = \frac{4}{9}$

White marble does not come out means that the marble is yellow or red.

Entonces: $Probabilidad\ de\ que\ la\ canica\ blanca\ no\ salga = \frac{4+2}{9} = \frac{6}{9} = \frac{2}{3}$)

Permutaciones y Combinaciones

1) 15 (Como el orden no importa, necesitamos usar una fórmula de combinación donde n es 6 y r es 4. Entonces: $\frac{n!}{r!\,(n-r)!} = \frac{6!}{4!\,(6-4)!} = \frac{6!}{4!\,(2)!} = \frac{6\times5\times4!}{4!\,(2)!} = \frac{6\times5}{2\times1} = \frac{30}{2} = 15$)

2) 210 (Como el orden no importa, necesitamos usar una fórmula de combinación donde n es 10 y r es 6. Entonces: $\frac{n!}{r!\,(n-r)!} = \frac{10!}{6!\,(10-6)!} = \frac{10!}{6!\,4!} = \frac{10\times9\times8\times7\times6!}{6!\,4!} = \frac{10\times9\times8\times7}{4\times3\times2\times1} = \frac{5,040}{24} = 210$)

3) 2,184 (Dado que el orden es importante, necesitamos usar la fórmula de permutación donde n es 7 y k es 2. Entonces: $\frac{n!}{(n-k)!} = \frac{14!}{(14-3)!} = \frac{14!}{11!} = \frac{14\times13\times12\times11!}{11!} = 14 \times 13 \times 12 = 2,184$)

4) 40 (Como el orden no importa, necesitamos usar una fórmula de combinación donde n es 6 y r es 4. Entonces: $\frac{n!}{r!\,(n-r)!} = \frac{16!}{13!\,(16-13)!} = \frac{16\times15\times13!}{13!\,(3)!} = \frac{16\times15}{3\times2\times1} = \frac{240}{6} = 40$)

13
CAPÍTULO

Operaciones de Funciones

Temas matemáticos que aprenderás en este capítulo:

☑ Notación y Evaluación de Funciones

☑ Funciones de Suma y Resta

☑ Funciones de Multiplicación y División

☑ Composición de Funciones

140

Notación y Evaluación de Funciones

- Las funciones son operaciones matemáticas que asignan salidas únicas a entradas dadas.

- La notación de función es la forma en que se escribe una función. Está destinado a ser una forma precisa de dar información sobre la función sin una explicación escrita bastante larga.

- La notación de función más popular es $f(x)$ que se lee "f de x". Cualquier letra puede nombrar una función. Por ejemplo: $g(x)$, $h(x)$, etc.

- Para evaluar una función, inserte la entrada (el valor dado o la expresión) para la variable de la función (marcador de posición, x).

Ejemplos:

Ejemplo 1. Evalúa: $f(x) = x + 6$, busca $f(2)$

Solución: Reemplaza x con 2:
Entonces: $f(x) = x + 6 \rightarrow f(2) = 2 + 6 \rightarrow f(2) = 8$

Ejemplo 2. Evalúa: $w(x) = 3x - 1$, busca $w(4)$.

Solución: Reemplaza x con 4:
Entonces: $w(x) = 3x - 1 \rightarrow w(4) = 3(4) - 1 = 12 - 1 = 11$

Práctica:

✎ *Evalúa cada función.*

1) $g(n) = 4n - 3$, busca $g(4)$

2) $h(x) = 10x + 6$, busca $h(2)$

3) $k(n) = 15 - 3n$, busca $k(3)$

4) $g(x) = -7x + 5$, busca $g(-9)$

5) $k(n) = 12n + 2$, busca $k(-5)$

6) $w(n) = -6n - 6$, busca $w(7)$

bit.ly/3mls7lF

Find more at

Suma y Resta de Funciones

- Así como podemos sumar y restar números y expresiones, podemos sumar o restar funciones y simplificarlas o evaluarlas. El resultado es una nueva función.

- Para dos funciones $f(x)$ y $g(x)$, podemos crear dos nuevas funciones:

$$(f + g)(x) = f(x) + g(x) \text{ y } (f - g)(x) = f(x) - g(x)$$

Ejemplos:

Ejemplo 1. $g(x) = 2x - 2$, $f(x) = x + 1$, Busca: $(g + f)(x)$

Solución: $(g + f)(x) = g(x) + f(x)$
Entonces: $(g + f)(x) = (2x - 2) + (x + 1) = 2x - 2 + x + 1 = 3x - 1$

Ejemplo 2. $f(x) = 4x - 3$, $g(x) = 2x - 4$, Busca: $(f - g)(x)$

Solución: $(f - g)(x) = f(x) - g(x)$
Entonces: $(f - g)(x) = (4x - 3) - (2x - 4) = 4x - 3 - 2x + 4 = 2x + 1$

Práctica:

✎ *Realiza la operación indicada.*

1) $f(x) = 6x - 4$
$g(x) = x + 2$
Busca $(f - g)(x)$

_____

2) $g(x) = 5x + 5$
$f(x) = 3x - 1$
Busca $(g - f)(x)$

_____

3) $h(t) = 8t + 10$
$g(t) = 4t + 6$
Busca $(h + g)(t)$

_____

4) $g(a) = 6a + 7$
$f(a) = -3a^2 - 2$
Busca $(g + f)(4)$

_____

5) $g(x) = 12x - 4$
$h(x) = -2x^2 + 1$
Busca $(g - h)(-2)$

_____

6) $h(x) = -x - 9$
$g(x) = -x^2 - 4$
Busca $(h - g)(-6)$

_____

Multiplicación y División de Funciones

- Así como podemos multiplicar y dividir números y expresiones, podemos multiplicar y dividir dos funciones y simplificarlas o evaluarlas.

- Para dos funciones $f(x)$ y $g(x)$, podemos crear dos nuevas funciones:

$$(f.g)(x) = f(x).g(x) \text{ y } \left(\frac{f}{g}\right)(x) = \frac{f(x)}{g(x)}$$

Ejemplos:

Ejemplo 1. $g(x) = x + 3$, $f(x) = x + 4$, Busca: $(g.f)(x)$

Solución: $(g.f)(x) = g(x).f(x) = (x+3)(x+4) = x^2 + 4x + 3x + 12 = x^2 + 7x + 12$

Ejemplo 2. $f(x) = x + 6$, $h(x) = x - 9$, Busca: $\left(\frac{f}{h}\right)(x)$

Solución: $\left(\frac{f}{h}\right)(x) = \frac{f(x)}{h(x)} = \frac{x+6}{x-9}$

Práctica:

✎ *Realiza la operación indicada.*

1) $g(x) = 2x - 1$

   $f(x) = x + 2$

   Busca $(g.f)(x)$

   _____

2) $f(x) = x - 3$

   $h(x) = 5x$

   Busca $(f.h)(x)$

   _____

3) $g(a) = a + 4$

   $h(a) = 3a - 5$

   Busca $(g.h)(2)$

   _____

4) $f(x) = 5x - 4$

   $h(x) = x + 1$

   Busca $\left(\frac{f}{h}\right)(-4)$

   _____

5) $f(x) = -6x - 3$

   $g(x) = 4 - 2x$

   Busca $\left(\frac{f}{g}\right)(-5)$

   _____

6) $g(a) = -a + 7$

   $f(a) = 2a^2 - 6$

   Busca $\left(\frac{g}{f}\right)(6)$

   _____

Composición de Funciones

- "Composición de funciones" simplemente combina dos o más funciones de tal manera que la salida de una función se convierte en la entrada de la siguiente función.

- La notación utilizada para la composición es: $(niebla)(x) = f(g(x))$ y se lee "f compuesta con g de x" o "f de g de x".

Ejemplos:

Ejemplo 1. Usando $f(x) = 2x + 3$ y $g(x) = 5x$, busca: $(niebla)(x)$

Solución: $(niebla)(x) = f(g(x))$. Entonces: $(niebla)(x) = f(g(x)) = f(5x)$

Ahora busca $f(5x)$ reemplazando x con $5x$ en la función $f(x)$.

Entonces: $f(x) = 2x + 3$; $(x \rightarrow 5x) \rightarrow f(5x) = 2(5x) + 3 = 10x + 3$

Ejemplo 2. Usando $f(x) = 2x^2 - 5$ y $g(x) = x + 3$, busca: $f(g(3))$

Solución: Primero, busca $g(3)$: $g(x) = x + 3 \rightarrow g(3) = 3 + 3 = 6$

Entonces: $f(g(3)) = f(6)$. Ahora, busca $f(6)$ reemplazando x con 6 en la función $f(x)$.

$f(g(3)) = f(6) = 2(6)^2 - 5 = 2(36) - 5 = 67$

Práctica:

📐 **Usando $f(x) = 2x + 6$ y $g(x) = x - 4$, busca:**

1) $g(f(3)) = $_____

2) $g(f(6)) = $_____

3) $f(g(-7)) = $_____

4) $f(f(10)) = $_____

5) $g(f(-4)) = $_____

6) $g(f(7)) = $_____

7) $g(f(8)) = $___

8) $g(f(5)) = $___

Capítulo 13: Respuestas

Notación y Evaluación de Funciones

1) 13 (Reemplaza n con 4: Entonces: $g(n) = 4n - 3 \rightarrow g(4) = 4(4) - 3 \rightarrow$
   $g(4) = 16 - 3 \rightarrow g(4) = 13$)

2) 26 (Reemplaza x con 2: Entonces: $h(x) = 10x + 6 \rightarrow h(2) = 10(2) + 6 \rightarrow h(2) = 20 + 6 \rightarrow$
   $h(2) = 26$)

3) 6 (Reemplaza n con 3: Entonces: $k(n) = 15 - 3n \rightarrow k(3) = 15 - 3(3) \rightarrow k(3) = 15 - 9 \rightarrow$
   $k(3) = 6$)

4) 68 (Reemplaza x con -9: Entonces: $g(x) = -7x + 5 \rightarrow g(-9) = -7(-9) + 5$
   $\rightarrow g(-9) = 63 + 5 \rightarrow g(-9) = 68$)

5) -58 (Reemplaza n con -5: Entonces: $k(n) = 12n + 2 \rightarrow k(-5) = 12(-5) + 2$
   $\rightarrow k(-5) = -60 + 2 \rightarrow k(-5) = -58$)

6) -48 (Reemplaza n con 7: Entonces: $w(n) = -6n - 6 \rightarrow w(7) = -6(7) - 6 \rightarrow w(7) =$
   $-42 - 6 \rightarrow w(7) = -48$)

Suma y Resta de Funciones

1) $5x - 6$ ($(f - g)(x) = f(x) - g(x)$. Entonces: $(f - g)(x) =$
   $(6x - 4) - (x + 2) = 6x - 4 - x - 2 = 5x - 6$)

2) $2x + 6$ ($(g - f)(x) = g(x) - f(x)$. Entonces: $(g - f)(x) =$
   $(5x + 5) - (3x - 1) = 5x + 5 - 3x + 1 = 2x + 6$)

3) $12t + 16$ ($(h + g)(t) = h(t) + g(t)$. Entonces: $(h + g)(t) =$
   $(8t + 10) + (4t + 6) = 8t + 10 + 4t + 6 = 12t + 16$)

4) -19 ($(g + f)(a) = g(a) + f(a)$. Entonces: $(g + f)(a) =$
   $(6a + 7) + (-3a^2 - 2) = 6a + 7 - 3a^2 - 2 = -3a^2 + 6a + 5$. Reemplaza a
   con 4: $(g + f)(4) = -3(4)^2 + 6(4) + 5 = -48 + 24 + 5 = -19$)

5) -21 ($(g - h)(x) = g(x) - h(x)$. Entonces: $(g - h)(x) =$ $(12x - 4) - (-2x^2 + 1) = 12x - 4 + 2x^2 - 1 = 2x^2 + 12x - 5$. Reemplaza x con -2: $(g - h)(-2) = 2(-2)^2 + 12(-2) - 5 = 8 - 24 - 5 = -21$)

6) 37 ($(h - g)(x) = h(x) - g(x)$. Entonces: $(h - g)(x) =$ $(-x - 9) - (-x^2 - 4) = -x - 9 + x^2 + 4 = x^2 - x - 5$. Reemplaza x con -6: $(h - g)(-6) = (-6)^2 - (-6) - 5 = 36 + 6 - 5 = 37$)

Multiplicación y División de Funciones

1) $2x^2 + 3x - 2$ ($(g.f)(x) = g(x).f(x) = (2x - 1)(x + 2) =$ $2x^2 + 4x - x - 2 = 2x^2 + 3x - 2$)

2) $5x^2 - 15x$ ($(f.h)(x) = f(x).h(x) = (x - 3)(5x) = 5x^2 - 15x$)

3) 6 ($(g.h)(a) = g(a).h(a) = (a + 4)(3a - 5) = 3a^2 - 5a + 12a - 20$ $g(a).h(a) = 3a^2 + 7a - 20$. Reemplaza a con 2: $(g.h)(2) =$ $3(2)^2 + 7(2) - 20 = 12 + 14 - 20 = 6$)

4) 8 ($\left(\frac{f}{h}\right)(x) = \frac{f(x)}{h(x)} = \frac{5x-4}{x+1}$. Reemplaza x con -4: $\left(\frac{f}{h}\right)(-4) = \frac{5x-4}{x+1} = \frac{5(-4)-4}{(-4)+1} =$ $\frac{-24}{-3} = 8$)

5) $-\frac{27}{6}$ ($\left(\frac{f}{g}\right)(x) = \frac{f(x)}{g(x)} = \frac{-6x-3}{4-2x}$. Reemplaza x con -5: $\left(\frac{f}{g}\right)(-5) = \frac{-6x-3}{4-2x} =$ $\frac{-6(-5)-3}{4-2(-5)} = \frac{27}{-6} = -\frac{27}{6}$)

6) $\frac{1}{66}$ ($\left(\frac{g}{f}\right)(a) = \frac{g(a)}{f(a)} = \frac{-a+7}{2a^2-6}$. Reemplaza a con 6: $\left(\frac{g}{f}\right)(6) = \frac{-a+7}{2a^2-6} = \frac{-(6)+7}{2(6)^2-6} = \frac{1}{66}$)

Composition of Functions

1) 8 (Primero, busca $f(3)$: $f(x) = 2x + 6 \rightarrow f(3) = 2(3) + 6 = 6 + 6 = 12$. Entonces: $g(f(3)) = g(12)$. Ahora, busca $g(12)$ reemplazando x con 12 en *la función* $g(x)$. $g(f(3)) = g(x) = x - 4 \rightarrow g(12) = 12 - 4 = 8$)

2) 14 (Primero, busca $f(6)$: $f(x) = 2x + 6 \rightarrow f(6) = 2(6) + 6 = 12 + 6 = 18$. Entonces: $g\big(f(6)\big) = g(18)$. Ahora, busca $g(18)$ reemplazando x con 18 en *la función* $g(x)$. $g\big(f(6)\big) = g(x) = x - 4 \rightarrow g(18) = 18 - 4 = 14$)

3) -16 (Primero, busca $g(-7)$: $g(x) = x - 4 \rightarrow g(-7) = -7 - 4 = -11$. Entonces: $f\big(g(-7)\big) = f(-11)$. Ahora, busca $f(-11)$ reemplazando x con -11 en *la función* $f(x)$. $f\big(g(-7)\big) = f(x) = 2x + 6 \rightarrow f(-11) = 2(-11) + 6 = -22 + 6 = -16$)

4) 58 (Primero, busca $f(10)$: $f(x) = 2x + 6 \rightarrow f(10) = 2(10) + 6 = 20 + 6 = 26$. Entonces: $f\big(f(10)\big) = f(26)$. Ahora, busca $f(26)$ reemplazando x con 26 en *la función* $f(x)$. $f\big(f(10)\big) = f(x) = 2x + 6 \rightarrow f(26) = 2(26) + 6 = 58$)

5) -6 (Primero, busca $f(-4)$: $f(x) = 2x + 6 \rightarrow f(-4) = 2(-4) + 6 = -8 + 6 = -2$. Entonces: $g\big(f(-4)\big) = g(-2)$. Ahora, busca $g(-2)$ reemplazando x con -2 en *la función* $g(x)$. $g\big(f(-4)\big) = g(x) = x - 4 \rightarrow g(-2) = -2 - 4 = -6$)

6) 16 (Primero, busca $f(7)$: $f(x) = 2x + 6 \rightarrow f(7) = 2(7) + 6 = 14 + 6 = 20$. Entonces: $g\big(f(7)\big) = g(20)$. Ahora, busca $g(20)$ reemplazando x con 20 en *la función* $g(x)$. $g\big(f(7)\big) = g(x) = x - 4 \rightarrow g(20) = 20 - 4 = 16$)

7) 18 (First, busca $f(8)$: $f(x) = 2x + 6 \rightarrow f(8) = 2(8) + 6 = 16 + 6 = 22$. Entonces: $g\big(f(8)\big) = g(22)$. Ahora, busca $g(22)$ reemplazando x con 22 en *la función* $g(x)$. $g\big(f(8)\big) = g(x) = x - 4 \rightarrow g(22) = 22 - 4 = 18$)

8) 12 (Primero, busca $f(5)$: $f(x) = 2x + 6 \rightarrow f(5) = 2(5) + 6 = 10 + 6 = 16$. Entonces: $g\big(f(5)\big) = g(16)$. Ahora, busca $g(16)$ reemplazando x con 16 en *la función* $g(x)$. $g\big(f(5)\big) = g(x) = x - 4 \rightarrow g(16) = 16 - 4 = 12$)

Pruebas de Matemática GED

Hora de refinar su habilidad con un exámen de práctica

Realice un exámen de matemática GED de práctica para similar la experiencia del día del exámen. Una vez que haya terminado, califique su prueba usando la clave de respuestas.

Antes de que empieces

❖ Necesitarás un lápiz y una calculadora para tomar el examen.

❖ Hay dos tipos de preguntas:

Preguntas de opción múltiple: para cada una de estas preguntas, hay cuatro o más Respuestas posibles. Elige cuál es mejor.

Preguntas de cuadrícula: para estas preguntas, escriba su respuesta en el cuadro proporcionado.

❖ Está bien adivinar. No perderás ningún punto si te equivocas.

❖ El examen de razonamiento matemático de GED contiene una hoja de fórmulas que muestra fórmulas relacionadas con medidas geométricas y ciertos conceptos de álgebra. Las fórmulas se proporcionan a los examinados para que puedan concentrarse en la aplicación, en lugar de la memorización, de las fórmulas.

❖ Una vez que haya terminado la prueba, revise la clave de respuestas para ver dónde se equivocó y qué áreas necesita mejorar. *Buena Suerte*

Prueba de práctica de razonamiento matemático GED 1

2023

Dos Partes

Número total de preguntas: 46

Parte 1 (Sin Calculadora): 5 preguntas

Parte 2 (Con Calculadora): 41 preguntas

Tiempo total para dos partes: <u>115 Minutos</u>

Hoja de fórmulas de matemáticas de GED

Área de un:

Paralelogramo	$A = bh$
Trapezoide	$A = \dfrac{1}{2} h(b_1 + b_2)$

Área de superficie y volumen de un:

Prisma rectangular/derecho	$SA = ph + 2B$	$V = Bh$
Cilindro	$SA = 2\pi rh + 2\pi r^2$	$V = \pi r^2 h$
Piramide	$SA = \dfrac{1}{2} ps + B$	$V = \dfrac{1}{3} Bh$
Cono	$SA = \pi r + \pi r^2$	$V = \dfrac{1}{3} \pi r^2 h$
Esfera	$SA = 4\pi r^2$	$V = \dfrac{4}{3} \pi r^3$

$(p = $ perímetro de la base B; $\pi = 3.14)$

Álgebra

Pendiente de una recta	$m = \dfrac{y_2 - y_1}{x_2 - x_1}$
Forma pendiente-intersección de la ecuación de una recta	$y = mx + b$
Forma punto-pendiente de la ecuación de una recta	$y - y_1 = m(x - x_1)$
Forma estándar de una ecuación cuadrática	$y = ax^2 + bx + c$
Fórmula cuadrática	$x = \dfrac{-b \pm \sqrt{b^2 - 4ac}}{2a}$
Teorema de pitágoras	$a^2 + b^2 = c^2$
Interés simple	$I = prt$ (I = interés, p = principal, r = tasa, t = tiempo)

Prueba de Razonamiento Matemático GED Prueba 1 Parte 1 (Sin Calculadora)

5 preguntas

Tiempo total para dos partes (partes sin calculadora y con calculadora): 115 minutos

NO puede usar calculadora en esta parte.

1) ¿Cuál de los siguientes es lo mismo que: 0.000 000 000 000 042 121?

   ☐A. 4.2121×10^{14} ☐B. 4.2121×10^{-14}

   ☐C. $42{,}121 \times 10^{-10}$ ☐D. 42.121×10^{-13}

2) 5 menos que el doble de un entero positivo es 83. ¿ Cuál es el entero?

   ☐A.39   ☐B.41

   ☐C.42   ☐D.44

3) Una camisa que cuesta \$200 tiene un descuento del 15%. Después de un mes, la camiseta se descuenta otro 15%. ¿Cuál de las siguientes expresiones se puede utilizar para encontrar el precio de venta de la camiseta?

   ☐A. $(200)(0.70)$ ☐B. $(200) - 200(0.30)$

   ☐C. $(200)(0.15) - (200)(0.15)$ ☐D. $(200)(0.85)(0.85)$

4) ¿Cuál de los siguientes puntos se encuentra en la línea? $2x + 4y = 10$

   ☐A. $(2, 1)$ ☐B. $(-1, 3)$

   ☐C. $(-2, 2)$ ☐D. $(2, 2)$

5) ¿Cuál es el valor de la expresión? $5 + 8 \times (-2) - [4 + 22 \times 5] \div 6$

   Escribe tu respuesta en el cuadro de abajo.

   ☐

Prueba de Razonamiento Matemático GED

Prueba 1 Parte 1
(Con Calculadora)

41 preguntas

Tiempo total para dos partes (partes sin calculadora y con calculadora): 115 minutos

Puede usar calculadora en esta parte.

6) Un estudiante obtiene un 85% en un examen de 40 preguntas. ¿Cuántas respuestas resolvió correctamente el alumno?

   ☐ A.25   ☐B. 28
   ☐ C.34   ☐D. 36

7) El ancho de una caja es un tercio de su largo. La altura de la caja es un tercio de su ancho. Si la longitud de la caja es de 27 cm, ¿cuál es el volumen de la caja?

   ☐A.81 cm^3 ☐ B. 162 cm^3
   ☐C. 243cm^3 ☐ D. 729 cm^3

8) Si el 60% de A es el 30% de B, ¿entonces B es qué porcentaje de A?

   ☐A. 3%   ☐B. 30%
   ☐ C. 200%   ☐D. 300%

9) ¿Cuántas combinaciones posibles de atuendos resultan de seis camisas, tres pantalones y cinco corbatas?

   Escribe tu respuesta en el cuadro de abajo.

   ☐

10) Una escalera se apoya contra una pared formando un ángulo de 60° entre el suelo y la escalera. Si la parte inferior de la escalera está a 30 pies de la pared, ¿cuánto mide la escalera?

    ☐A.30 *pies*   ☐B. 40 *pies*
    ☐C. 50 *pies*   ☐D. 60 *pies*

11) Cuando un número se resta de 24 y la diferencia se divide por ese número, el resultado es 3. ¿Cuál es el valor del número?

    ☐A.2   ☐B. 4
    ☐C. 6   ☐D.12

12) Un ángulo es igual a la quinta parte de su suplemento. Cuál es la medida de ese angulo en grados?

☐A. 20°   ☐B. 30°
☐ C. 45°   ☐D. 60°

13) John recorrió 150 km en 6 horas y Alice recorrió 180 km en 4 horas. ¿Cuál es la razón entre la rapidez promedio de Juan y la rapidez promedio de Alicia?

☐A. 3 : 2   ☐B. 2 : 3
☐C. 5 : 9   ☐D. 5 : 6

14) Si el 40% de una clase son niñas y el 25% de las niñas juegan al tenis, ¿qué porcentaje de la clase juega al tenis?

☐A. 10%   ☐B. 15%
☐C. 20%   ☐D. 40%

15) ¿Cuál es el valor de y en el siguiente sistema de ecuaciones?

$$3x - 4y = -40$$
$$-x + 2y = 10$$

Escribe tu respuesta en el cuadro de abajo.

16) En cinco horas sucesivas, un automóvil recorre 40 km, 45 km, 50 km, 35 km y 55 km. En las próximas cinco horas viaja con una velocidad promedio de 50 km por hora. Encuentre la distancia total que recorrió el automóvil en 10 horas.

☐A. 425 km ☐B. 450 km
☐C. 475 km ☐D. 500 km

17) ¿Cuánto tiempo toma un viaje de 420 millas moviéndose a 50 millas por hora? (mph)?

☐A. 4 horas   ☐B. 6 horas y 24 minutos
☐C. 8 horas y 24 minutos   ☐D. 8 horas y 30 minutos

18) En una bolsa solo hay canicas rojas y canicas azules. La razón de canicas rojas a canicas azules es 2:5. ¿Cuál de los siguientes podría ser el número total de canicas en la bolsa? (Seleccione una o más opciones de respuesta)

☐A. 324   ☐B. 688
☐C. 826   ☐D. 596
☐E. 662

19) ¿Cuál de los siguientes puntos se encuentra en la línea 3x+2y=11? (Seleccione una o más opciones de respuesta)

☐A. $(-1, 3)$ ☐B. $(2, 3)$
☐C. $(-1, 7)$ ☐D. $(5, -2)$
☐E. $(0, 2$

20) El triángulo rectángulo ABC tiene dos catetos de 6 cm (AB) y 8 cm (AC) de longitud. ¿Cuál es la longitud del tercer lado (BC)?

☐ A. 4 *cm*   ☐ B. 6 *cm*
☐ C. 8 *cm*   ☐ D. 10 *cm*

21) La razón de niños a niñas en una escuela es de 2:3. Si hay 600 estudiantes en una escuela, ¿cuántos niños hay en la escuela?

Escribe tu respuesta en el cuadro de abajo.

22) 25 es qué porcentaje de 20?

☐A. 20%   ☐B. 25%
☐C. 125%   ☐D. 150%

23) El perímetro del trapezoide de abajo es 54. ¿Cuál es su área?

Escribe tu respuesta en el cuadro de abajo.

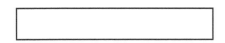

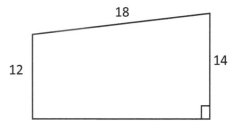

24) Dos tercios de 18 es igual a $\frac{2}{5}$ de qué número?

☐A. 12   ☐B. 20

☐C. 30   ☐D. 60

25) El precio marcado de una computadora es dólar D. Su precio disminuyó un 20% en enero y luego aumentó un 10% en febrero. ¿Cuál es el precio final de la computadora en dólares D?

☐A. 0.80 D ☐B. 0.88 D

☐C. 0.90 D ☐D. 1.20 D

26) El área de un círculo es 64 π. ¿Cuál es la circunferencia del círculo?

☐A. 8 π ☐B. 16 π

☐C. 32 π ☐D. 64 π

27) Una camisa de $40 que ahora se vende a $28 tiene un descuento ¿en qué porcentaje?

☐A. 20%   ☐B. 30%

☐C. 40%   ☐D. 60%

28) En 1999, el ingreso del trabajador promedio aumentó $2,000 por año a partir de un salario anual de $24,000. ¿Qué ecuación representa un ingreso mayor que el promedio? (I = ingreso, x = número de años después 1999)

☐A. $I > 2,000\,x + 24,000$ ☐B. $I > -2,000\,x + 24,000$

☐C. $I < -2000\,x + 24,000$ ☐D. $I < 2,000\,x - 24,000$

29) Desde el año pasado, el precio de la gasolina ha aumentado de $1,25 por galón a $1,75 por galón. El nuevo precio es qué porcentaje del precio original?

☐A. 72%   ☐B. 120%

☐C. 140%   ☐D. 160%

30) Un barco navega 40 millas al sur y luego 30 millas al este. ¿A qué distancia está el barco de su punto de partida?

☐A. 45 *millas*   ☐B. 50 *millas*
☐C. 60 *millas*   ☐D. 70 *millas*

31) ¿Cuál de los siguientes podría ser el producto de dos números primos consecutivos?

☐A. 2   ☐B. 10
☐C. 14   ☐D. 15

32) Jason compró una computadora portátil por $529.72. La computadora portátil tiene un precio regular de $ 646.00. ¿Cuál fue el porcentaje de descuento que Jason recibió en la computadora portátil?

☐A. 12%   ☐B. 18%
☐C. 20%   ☐D. 25%

33) La puntuación de Emma era la mitad que la de Ava y la puntuación de Mia era el doble que la de Ava. Si el puntaje de Mia fue 40, ¿cuál es el puntaje de Emma?

☐A. 5   ☐B. 10
☐C. 20   ☐D. 40

34) Una bolsa contiene 18 bolas: dos verdes, cinco negras, ocho azules, una marrón, una roja y una blanca. Si se sacan 17 bolas de la bolsa al azar, ¿cuál es la probabilidad de que se haya sacado una bola marrón?

☐A. $\frac{1}{9}$ ☐B. $\frac{1}{6}$
☐C. $\frac{16}{17}$ ☐D. $\frac{17}{18}$

35) El promedio de cinco números consecutivos es 38. ¿Cuál es el número más pequeño?

☐A. 38   ☐B. 36
☐C. 34   ☐D. 12

36) Cuántas baldosas de 8 cm^2 se necesitan para cubrir un piso de 8 cm por 24 cm?

☐A. 6   ☐B. 12

☐C. 18   ☐D. 24

37) Una cuerda pesa 600 gramos por metro de longitud. ¿Cuál es el peso en kilogramos de 12,2 metros de esta cuerda? (1 *kilogramos* = 1,000 *gramos*)

☐A. 0.0732   ☐B. 0.732
☐C. 7.32   ☐D. 7.320

38) Una solución química contiene 4% de alcohol. Si hay 32 ml de alcohol, ¿cuál es el volumen de la solución?

☐A. 240 *ml*   ☐B. 480 *ml*
☐C. 800 *ml*   ☐D. 1200 *ml*

39) El peso promedio de 23 niñas en una clase es de 60 kg y el peso promedio de 32 niños en la misma clase es de 62 kg. ¿Cuál es el peso promedio de los 55 estudiantes de esa clase?

☐A. 60   ☐B. 61.16
☐C. 61.68   ☐D. 62.90

40) El precio de una computadora portátil se reduce en un 20% a $ 360. ¿Cuál es su precio original?

☐A. 320   ☐B. 380
☐C. 400   ☐D. 450

41) ¿Cuál es la Mediana de estos números? $3, 10, 13, 8, 15, 19, 5$

☐A. 8   ☐B. 10
☐C. 13   ☐D. 15

42) El radio de un cilindro es de 6 pulgadas y su altura es de 12 pulgadas. ¿Cuál es el área de la superficie del cilindro en pulgadas cuadradas?

Escribe tu respuesta en el cuadro de abajo. (π es igual a 3.14)

43) El promedio de $13, 15, 20$ y x es 15. Cuál es el valor de x?

160

Escribe tu respuesta en el cuadro de abajo.

44) El precio de un sofá se reduce en un 25% a $420. ¿Cuál era su precio original?

☐A. $480   ☐B. $520
☐C. $560   ☐D. $600

45) En el plano xy, el punto (1,2) y (-1,6) están en la línea A. ¿Cuál de los siguientes puntos también podría estar en la línea A? (Seleccione una o más opciones de respuesta)

☐A. $(-1, 2)$ ☐B. $(5, 7)$
☐C. $(3, 4)$ ☐D. $(3, -2)$
☐E. $(6, -8)$

46) Un banco ofrece un interés simple del 4,5% en una cuenta de ahorros. Si deposita $9,000, ¿cuánto interés ganará en cinco años?

☐A. $405   ☐B. $720
☐C. $2,025   ☐D. $3,600

Prueba Práctica de Razonamiento Matemático GED 2

2023

Dos Partes

Número total de preguntas: 46

Parte 1 (Sin Calculadora): 5 preguntas

Parte 2 (Calculadora): 41 preguntas

Tiempo total para dos partes: <u>115 Minutos</u>

Hoja de fórmulas de matemáticas de GED

Área de un:

Paralelogramo	$A = bh$
Trapezoide	$A = \dfrac{1}{2}h(b_1 + b_2)$

Área de superficie y volumen de un:

Prisma rectangular/derecho	$SA = ph + 2B$	$V = Bh$
Cilindro	$SA = 2\pi rh + 2\pi r^2$	$V = \pi r^2 h$
Pirámide	$SA = \dfrac{1}{2}ps + B$	$V = \dfrac{1}{3}Bh$
Cono	$SA = \pi r + \pi r^2$	$V = \dfrac{1}{3}\pi r^2 h$
Esfera	$SA = 4\pi r^2$	$V = \dfrac{4}{3}\pi r^3$

$$(p = \text{ perímetro de la base } B; \pi = 3.14)$$

Álgebra

Pendiente de una recta	$m = \dfrac{y_2 - y_1}{x_2 - x_1}$
Forma pendiente-intersección de la ecuación de una recta	$y = mx + b$
Forma punto-pendiente de la ecuación de una recta	$y - y_1 = m(x - x_1)$
Forma estándar de una ecuación cuadrática	$y = ax^2 + bx + c$
Fórmula cuadrática	$x = \dfrac{-b \pm \sqrt{b^2 - 4ac}}{2a}$
Teorema de pitágoras	$a^2 + b^2 = c^2$
Interés simple	$I = prt$ (I = interés, p = principal, r = tasa, t = tiempo)

Prueba Práctica de Razonamiento Matemático GED 2 Parte 1 (Sin Calculadora)

5 preguntas
Tiempo total para dos partes (partes sin calculadora y con calculadora): 115 minutos

NO puede usar calculadora en esta parte.

1) $[6 \times (-24) + 8] - (-4) + [4 \times 5] \div 2 = ?$

   Escribe tu respuesta en el cuadro de abajo.

   ┌─────────────────────────┐
   │   │
   └─────────────────────────┘

2) ¿Cuál de las siguientes es igual a la siguiente expresión?

$$(2x + 2y)(2x - y)$$

   ☐A. $4x^2 - 2y^2$ ☐B. $2x^2 + 6xy - 2y^2$

   ☐C. $4x^2 - 2xy - 2y^2$ ☐D. $4x^2 + 2xy - 2y^2$

3) ¿Cuál es el producto de todos los valores posibles de x en la siguiente ecuación?

$$|x - 10| = 3$$

   ☐A. 3   ☐B. 7

   ☐C. 13   ☐D. 91

4) 4) ¿Cuál es la pendiente de una recta que es perpendicular a la recta $4x - 2y = 12$?

   ☐A. −2   ☐B. $-\dfrac{1}{2}$

   ☐C. 4   ☐D. 12

5) ¿Cuál es el valor de la expresión $5(x + 2y) + (2 - x)^2$ cuando $x = 3$ y $y = -2$?

   ☐A. −4   ☐B. 20

   ☐C. 36   ☐D. 50

Prueba Práctica de Razonamiento Matemático

GED 2 Parte 1 (Con Calculadora)

41 preguntas

Tiempo total para dos partes (partes sin calculadora y con calculadora): 115 minutos

Puede usar calculadora en esta parte.

6) Si el 20% de un número es 4, ¿cuál es el número?

☐A. 4   ☐B. 8

☐C. 10   ☐D. 20

7) Si A es 4 veces B y A es 12, ¿cuál es el valor de B?

☐A. 3   ☐B. 4

☐C. 6   ☐D. 12

8) Bob está 12 millas por delante de Mike corriendo a 6.5 millas por hora y Mike corre a la velocidad de 8 millas por hora. ¿Cuánto tiempo le toma a Bob atrapar a Mike?

☐A. 3 *horas*   ☐B. 4 *horas*

☐C. 6 *horas*   ☐D. 8 *horas*

9) 44 estudiantes tomaron un examen y 11 de ellos reprobaron. ¿Qué porcentaje de los estudiantes aprobaron el examen?

☐A. 20%   ☐B. 40%

☐C. 60%   ☐D. 75%

10) ¿Cuál es el valor de $3^2 \times 3^2$?

Escribe tu respuesta en el cuadro de abajo.

11) ¿Cuál de las siguientes gráficas representa la desigualdad compuesta $-1 \le 2x - 3 < 1$?

☐A.

☐B.

☐C.

☐D.

12) La diagonal de un rectángulo mide 13 pulgadas de largo y la altura del rectángulo es de 5 pulgadas. ¿Cuál es el área del rectángulo en pulgadas?

Escribe tu respuesta en el cuadro de abajo.

13) El perímetro del trapezoide de abajo es de 40 cm. Cuál es su area?

☐A. $576 \ cm^2$

☐B. $98 \ cm^2$

☐C. $40 \ cm^2$

☐D. $24 cm^2$

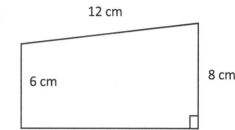

14) Se extrae una carta al azar de una baraja estándar de 52 cartas, ¿cuál es la probabilidad de que la carta sea de tréboles? (La baraja incluye 13 de cada palo tréboles, diamantes, corazones y picas)

☐A. $\frac{1}{3}$

☐B. $\frac{1}{4}$

☐C. $\frac{1}{6}$

☐D. $\frac{1}{52}$

15) ¿Cuál de los siguientes muestra los números de menor a mayor? $\frac{11}{15}$, 75%, 0.74, $\frac{19}{25}$

☐ A. 75%, 0.74, $\frac{11}{15}, \frac{19}{25}$

☐B. 75%, 0.74, $\frac{19}{25}, \frac{11}{15}$

☐C. 0.74, 75%, $\frac{11}{15}, \frac{19}{25}$

☐D. $\frac{11}{15}$, 0.74, 75%, $\frac{19}{25}$

16) La Media de 50 puntuaciones de la prueba se calculó como 80. Pero resultó que una de las puntuaciones se interpretó erróneamente como 94 pero era 69. ¿Cuál es la Media?

☐A. 78.5

☐B. 79.5

☐C. 80.5

☐D. 88.5

17) Se lanzan dos dados al mismo tiempo, ¿cuál es la probabilidad de obtener una suma de 6 o 9?

☐A. $\frac{1}{3}$ ☐B. $\frac{1}{4}$

☐C. $\frac{1}{6}$ ☐D. $\frac{1}{12}$

18) Una piscina tiene 2500 pies cúbicos de agua. La piscina mide 25 pies de largo y 10 pies de ancho. ¿Qué tan profunda es la piscina?

Escribe tu respuesta en el cuadro de abajo. (No escribas la medida.)

```
┌──────────────────────────┐
│                          │
│                          │
└──────────────────────────┘
```

19) Alice está eligiendo un menú para su almuerzo. Tiene 3 opciones de aperitivos, 5 opciones de platos principales, 6 opciones de pastel. ¿Cuántas combinaciones diferentes de menú puede elegir ella?

☐A. 12   ☐B. 32

☐C. 90   ☐D. 120

20) ¿Cuatro reglas de un pie se pueden dividir entre cuántos usuarios para dejar a cada uno con 1/3 de una regla?

☐A. 4   ☐B. 6

☐C. 12   ☐D. 24

21) ¿Cuál es el área de un cuadrado cuya diagonal es 4?

☐A. 8   ☐B. 32

☐C. 36   ☐D. 64

22) La bolsa de dulce o truco de Anita contiene 15 piezas de chocolate, 10 chupones, 10 piezas de chicle, 25 piezas de regaliz. Si al azar saca una golosina de su bolsa, ¿cuál es la probabilidad de que saque una golosina?

☐A. $\frac{1}{3}$ ☐B. $\frac{1}{4}$

☐C. $\frac{1}{6}$ ☐D. $\frac{1}{12}$

23) El volumen de un cubo es menor de 64 m^3. ¿Cuál de los siguientes puede ser el lado del cubo? (Seleccione una o más opciones de respuesta)

☐A. $2\,m$ ☐B. $3\,m$

☐C. 4 m ☐D. 5 m

☐E. 6 m

24) El perímetro de un patio rectangular es de 72 metros. ¿Cuál es su largo si su ancho es el doble de su largo?

☐A. 12 metros   ☐B. 18 metros

☐C. 20 metros   ☐D. 24 metros

25) El promedio de 6 números es 10. El promedio de 4 de esos números es 7. ¿Cuál es el promedio de los otros dos números?

☐A. 10   ☐B. 12

☐C. 14   ☐D. 16

26) ¿Cuál es el valor de x en el siguiente sistema de ecuaciones?

$$2x + 5y = 11$$
$$4x - 2y = -26$$

☐A. −1   ☐B. 1

☐C. −4.5   ☐D. 4.5

27) El área de un círculo es menor que $81\pi\ ft^2$. ¿Cuál de los siguientes puede ser el diámetro del círculo? (Seleccione una o más opciones de respuesta)

☐A. $28ft$ ☐B. $20ft$

☐C. $18ft$ ☐D. $17ft$

☐E. $14ft$

28) La proporción de niños y niñas en una clase es de 4:7. Si hay 55 estudiantes en la clase, ¿cuántos niños más deben inscribirse para que la proporción sea de 1:1?

☐A. 8   ☐B. 10

☐C. 12   ☐D. 15

29) El Sr. Jones ahorra $2,500 de su ingreso familiar mensual de $65,000. ¿Qué parte fraccionaria de sus ingresos ahorra?

☐A. $\frac{1}{26}$ ☐B. $\frac{1}{11}$

☐C. $\frac{3}{25}$ ☐D. $\frac{2}{15}$

30) Un equipo de fútbol tenía $20,000 para gastar en suministros. El equipo gastó $10,000 en pelotas nuevas. Los zapatos deportivos nuevos cuestan $120 cada uno. ¿Cuál de las siguientes desigualdades representa la cantidad de zapatos nuevos que el equipo puede comprar?

☐A. $120x + 10,000 \leq 20,000$ ☐B. $120x + 10,000 \geq 20,000$

☐C. $10,000x + 120 \leq 20,000$ ☐D. $10,000x + 12,0 \geq 20,000$

31) Jason necesita un promedio del 70% en su clase de escritura para aprobar. En sus primeros 4 exámenes, obtuvo puntajes de 68 %, 72 %, 85 % y 90 %. ¿Cuál es el puntaje mínimo que Jason puede obtener en su quinta y última prueba para aprobar?

Escribe tu respuesta en el cuadro de abajo.

32) ¿Cuál es el valor de x en la siguiente ecuación? $\frac{2}{3}x + \frac{1}{6} = \frac{1}{2}$

☐A. 6   ☐B. $\frac{1}{2}$

☐C. $\frac{1}{3}$ ☐D. $\frac{1}{4}$

33) Un banco ofrece un interés simple del 3,5% en una cuenta de ahorros. Si deposita $14,000, ¿cuánto interés ganará en dos años?

☐A. $490   ☐B. $980

☐C. $4,200   ☐D. $4,900

34) Simplifica $5x^2y^3(2x^2y)^3 =$

☐A. $12x^4y^6$ ☐B. $12x^8y^6$

☐C. $40x^4y^6$ ☐D. $40x^8y^6$

35) ¿Cuál es el área de la superficie del cilindro de abajo?

    □A. $28\,\pi\,in^2$ □B. $37\,\pi\,in^2$

    □C. $40\,\pi\,in^2$ □D. $288\,\pi\,in^2$

36) El promedio de cuatro números es 48. Si se suma un quinto número mayor a 65, entonces, ¿cuál de los siguientes podría ser el nuevo promedio? (Seleccione una o más opciones de respuesta)

    □A. 48   □B. 50

    □C. 51   □D. 52

    □E. 58

37) ¿Cuál es la mediana de estos números? $3, 27, 29, 19, 68, 44, 35$

    □A. 19   □B. 29

    □C. 44   □D. 35

38) Un barco de línea de cruceros salió del Puerto A y viajó 50 millas hacia el oeste y Entonces 120 millas hacia el norte. En este punto, ¿cuál es la distancia más corta desde el crucero hasta el puerto A en millas?

    Escribe tu respuesta en el cuadro de abajo.

39) ¿Cuál es la temperatura equivalente de 140°F en Celsius? $C = \frac{5}{9}(F - 32)$

    □A. 32   □B. 40

    □C. 48   □D. 60

40) Si el 150% de un numero es 75, entonces cual es el 80% de ese numero?

    □A. 40   □B. 50

    □C. 70   □D. 85

174

41)¿Cuál es la pendiente de la línea? $4x - 2y = 8$

Escribe tu respuesta en el cuadro de abajo.

42) ¿Cuál es el volumen de una caja con las siguientes dimensiones?

Alto = 3 cm Ancho = 5 cm Largo = 6 cm

☐A. 15 cm^3 ☐B. 60 cm^3

☐C. 90 cm^3 ☐D. 120 cm^3

43) Simplifica la expresion. $(5x^3 - 8x^2 + 2x^4) - (4x^2 - 2x^4 + 2x^3)$

☐A. $4x^4 + 3x^3 - 12x^2$ ☐B. $4x^3 - 12x^2$

☐C. $4x^4 - 3x^3 - 12x^2$ ☐D. $8x^3 - 12x^2$

44) En dos años sucesivos, la población de un pueblo aumenta en un 10% y un 20%. ¿Qué porcentaje de la población aumenta después de dos años?

☐A. 30%   ☐B. 32%

☐C. 34%   ☐D. 68%

45) La semana pasada 25.000 aficionados asistieron a un partido de fútbol. Esta semana tres veces más compraron boletos, pero una sexta parte de ellos canceló sus boletos. ¿Cuántos asisten esta semana?

☐A. 48,000   ☐B. 54,000

☐C. 62,500   ☐D. 72,000

46)¿Qué gráfica muestra una relación lineal no proporcional entre x y y?

A.

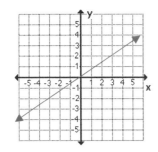

B.

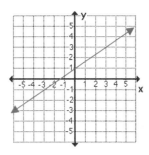

C.

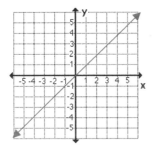

D.

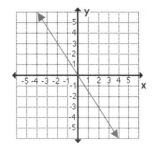

Fin del Exámen Práctico de Razonamiento Matemático GED 2

Claves de Respuestas de los Exámenes de Práctica de Razonamiento Matemático de GED

Ahora es el momento de revisar sus resultados para ver dónde se equivocó y qué áreas necesita mejorar.

Prueba de Práctica de Matemáticas GED 1						Prueba de Práctica de Matemáticas GED 2					
1	B	**21**	240	**41**	B	**1**	−122	**21**	A	**41**	2
2	D	**22**	C	**42**	678.24	**2**	D	**22**	C	**42**	C
3	D	**23**	130	**43**	12	**3**	D	**23**	A, B	**43**	A
4	B	**24**	C	**44**	C	**4**	B	**24**	A	**44**	B
5	−30	**25**	B	**45**	D, E	**5**	A	**25**	D	**45**	C
6	C	**26**	B	**46**	C	**6**	D	**26**	C	**46**	B
7	D	**27**	B			**7**	A	**27**	D, E		
8	C	**28**	A			**8**	D	**28**	D		
9	90	**29**	C			**9**	D	**29**	A		
10	D	**30**	B			**10**	81	**30**	A		
11	C	**31**	D			**11**	D	**31**	35		
12	B	**32**	B			**12**	60	**32**	B		
13	C	**33**	B			**13**	B	**33**	B		
14	A	**34**	D			**14**	B	**34**	D		
15	−5	**35**	B			**15**	D	**35**	C		
16	C	**36**	D			**16**	B	**36**	D, E		
17	C	**37**	C			**17**	B	**37**	B		
18	C, E	**38**	C			**18**	10	**38**	130		
19	C, D	**39**	B			**19**	C	**39**	D		
20	D	**40**	D			**20**	C	**40**	A		

Cómo puntuar tu examen

Cada examen de área de GED se califica en una escala de 100 a 200 puntos. Para aprobar el GED, debe obtener al menos 145 en cada uno de los cuatro exámenes de materias, para un total de al menos 580 puntos (de 800 posibles).

Cada examen de la materia debe aprobarse individualmente. Significa que debe obtener 145 en cada sección de la prueba. Si reprobó un examen de una materia pero lo hizo lo suficientemente bien en otro para obtener un puntaje total de 580, todavía no es un puntaje de aprobación.

Hay cuatro puntajes posibles que puede recibir en el examen GED:

No Aprobado: Esto indica que su puntaje es inferior a 145 en cualquiera de las cuatro pruebas. Si no aprueba, puede reprogramar hasta dos veces al año para volver a tomar cualquiera o todas las materias del examen GED.

Puntaje de aprobación/equivalencia de escuela secundaria: este puntaje indica que su puntaje está entre 145 y 164. Recuerde que los puntos de un tema de la prueba no se transfieren a los otros temas.

Listo para la universidad: esto indica que su puntaje está entre 165 y 175, lo que demuestra que está preparado para la carrera y la universidad. Un puntaje de preparación para la universidad muestra que es posible que no necesite pruebas de ubicación o recuperación antes de comenzar un programa de título universitario.

College Ready + Credit: esto indica que tu puntaje es de 175 o más. Esto demuestra que ya dominas algunas habilidades que se enseñarían en cursos universitarios. Dependiendo de la política de la escuela, esto puede traducirse en algunos créditos universitarios, lo que le permite ahorrar tiempo y dinero durante su educación universitaria.

Hay aproximadamente 46 preguntas sobre razonamiento matemático de GED. Al igual que en otras áreas temáticas, necesitará una puntuación mínima de 145 para aprobar la prueba de razonamiento matemático. Hay 49 puntos de puntaje bruto en el examen de matemáticas GED. Los puntos en bruto corresponden a las respuestas correctas. La mayoría de las preguntas tienen una respuesta; por lo tanto, solo tienen un punto. Hay más de un punto para las preguntas que tienen más de una respuesta. Obtendrá una puntuación bruta de los 49 puntos posibles. Entonces, esto se convertirá en su puntaje escalado de 200. Aproximadamente, necesita obtener 32 de 49 puntajes brutos para aprobar la sección de Razonamiento matemático.

Para calificar sus exámenes de práctica de razonamiento matemático de GED, primero encuentre su puntaje bruto.

Hubo 46 preguntas en cada prueba de práctica de razonamiento matemático de GED. Todas las preguntas tienen un punto excepto las siguientes que tienen 2 puntos:

Examen de Práctica de Razonamiento Matemático GED 1:

Pregunta 18: Dos puntos

Pregunta 19: Dos puntos

Pregunta 45: Dos puntos

Examen de Práctica de Razonamiento Matemático GED 2:

Pregunta 23: Dos puntos

Pregunta 27: Dos puntos

Pregunta 36: Dos puntos

Use la siguiente tabla para convertir el puntaje bruto de razonamiento matemático de GED en puntaje escalado.

Puntuación bruta de razonamiento matemático de GED a puntuación escalada	
Puntajes brutos	Puntuaciones escaladas
Por debajo de 32 *(no pasa)*	*Por debajo de* 145
32 − 36	145 − 164
37 − 40	165 − 175
Por encima de 40	*Por encima de* 175

Pruebas de Práctica de Razonamiento Matemático GED Respuestas y Explicaciones

Prueba de Práctica de Razonamiento Matemático GED 1 Respuestas y Explicaciones

1) La opción B es correcta

En notación científica todos los números se escriben en forma de: $m \times 10^n$, donde m es entre 1 y 10. Para encontrar un valor equivalente de 0.000 000 000 000 042 121, mueve el punto decimal a la derecha para que tengas un número que esté entre 1 y 10. Entonces: 4.2121

Ahora, determina cuántos lugares se movió el decimal en el paso 1, entonces ponlo como la potencia de 10.

Movimos el punto decimal 14 lugares. Entonces: $10^{-14} \rightarrow$ Cuando el decimal se movió a la derecha, el exponente es negativo.

Entonces: $0.000\ 000\ 000\ 000\ 042\ 121 = 4.2121 \times 10^{-14}$

2) La opción D es correcta

Sea x el entero. Entonces: $2x - 5 = 83$. Suma 5 a ambos lados: $2x = 88$, Divide ambos lados entre 2: $x = 44$

3) La opción D es correcta

Para encontrar el descuento, multiplique el número por$(100\% - tasa\ de\ descuento)$.

Por lo tanto, para el primer descuento obtenemos: $(200)(100\% - 15\%) = (200)(0.85) = 170$

Para el próximo 15% de descuento: $(200)(0.85)(0.85)$

4) La opción B es correcta

Introduce cada par de números en la ecuación:

A. $(2,1)$: $2(2) + 4(1) = 8$
B. $(-1,3)$: $2(-1) + 4(3) = 10$
C. $(-2,2)$: $2(-2) + 4(2) = 4$
D. $(2,2)$: $2(2) + 4(2) = 12$

Solo la opción B es correcta.

182

5) La respuesta es: −30

Use PEMDAS (orden de operación):

$5 + 8 \times (-2) - [4 + 22 \times 5] \div 6 = 5 + 8 \times (-2) - [4 + 110] \div 6 = 5 + 8 \times (-2) - [114] \div 6 = 5 + (-16) - 19 = 5 + (-16) - 19 = -11 - 19 = -30$

6) La opción C es correcta

85% of 40 is: $85\% \ of \ 40 = 0.85 \times 40 = 34$. Entonces, el estudiante resuelve 34 preguntas correctamente.

7) La opción D es correcta

Si el largo de la caja es 27, Entonces el ancho de la caja es un tercio de ella, 9, y la altura de la caja es 3 (un tercio del ancho). el volumen de la caja es: $V = lwh = (27)(9)(3) = 729$

8) La opción C es correcta

Escribe la ecuación y resuelve para B: $0.60 \ A = 0.30 \ B$, dividir ambos lados entre 0.30, Entonces: $\frac{0.60}{0.30} A = B$, por lo tanto: $B = 2 \ A$, y B es 2 veces de A o es 200% de A.

9) La respuesta es 90.

Para encontrar el número de posibles combinaciones de atuendos, multiplique el número de opciones para cada factor:

$6 \times 3 \times 5 = 90$

10) La opción D es correcta

La relación entre todos los lados del triángulo rectángulo especial

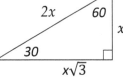

$30° − 60° − 90°$ se proporciona en este triángulo:

En este triángulo, el lado opuesto del ángulo de 30° es la mitad de la hipotenusa.

Dibuja la forma de esta pregunta:

La escalera es la hipotenusa. Por lo tanto, la escalera es 60 ft.

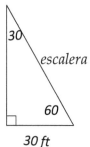

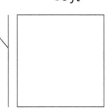

11) La opción C es correcta

Sea x el número. Escribe la ecuación y resuelve para x. $(24 - x) \div x = 3$. Multiplica ambos lados por x. $(24 - x) = 3x$, Entonces sumo x a ambos lados. $24 = 4x$, Ahora divide ambos lados entre 4. $x = 6$

12) La opción B es correcta

La suma de los ángulos suplementarios es 180. Sea x ese ángulo. Por lo tanto, $x + 5x = 180$. $6 = 180$, dividir ambos lados entre 6: $x = 30$

13) La opción C es correcta

La rapidez promedio de Juan es: $150 \div 6 = 25 \, km$, La rapidez promedio de Alicia es:
$180 \div 4 = 45 \, km$. Escribe la razón y simplifica. $25 : 45 \Rightarrow 5 : 9$

14) La opción A es correcta

El porcentaje de niñas que juegan al tenis es: $40\% \times 25\% = 0.40 \times 0.25 = 0.10 = 10\%$

15) La respuesta es −5.

Resolución de Sistema de Ecuaciones por Eliminación
$$\begin{aligned} 3x - 4y &= -40 \\ -x + 2y &= 10 \end{aligned}$$ ⇒ Multiplica la segunda ecuacion por 3, entonces sumalo a la primera ecuacion.

$$\begin{aligned} 3x - 4y &= -40 \\ 3(-x + 2y &= 10) \end{aligned} \Rightarrow \begin{aligned} 3x - 4y &= -40 \\ -3x + 6y &= 30) \end{aligned} \Rightarrow 2y = -10 \Rightarrow y = -5$$

16) La opción C es correcta

Suma los primeros 5 números. $40 + 45 + 50 + 35 + 55 = 225$. Para encontrar la distancia recorrida en las próximas 5 horas, multiplique el promedio por el número de horas. $Distancia = Promedio \times tasa = 50 \times 5 = 250$. Suma ambos números. $250 + 225 = 475$

17) La opción C es correcta

Usar fórmula de distancia: $Distancia = tasa \times tiempo \Rightarrow 420 = 50 \times T$, dividir ambos lados por 50. $420 \div 50 = T \Rightarrow T = 8.4 \, horas$.

Cambiar horas a minutos para la parte decimal. $0.4\ horas = 0.4 \times 60 = 24\ minutos$.

18) Las opciones C y E son correctas

(Si seleccionó 3 opciones y 2 de ellas son correctas, Entonces obtiene un punto. Si contestó 2 o 3 opciones y una de ellas es correcta, recibe un punto. Si seleccionó más de 3 opciones, no obtendrá conseguir cualquier punto para esta pregunta.)

La razón de canicas rojas a canicas azules es 2:5. Por lo tanto, el número total de canicas debe ser divisible por 7: 2+5=7. Repasemos las opciones:

A. 324: $324 \div 7 = 46.28\ldots$

B. 688: $688 \div 7 = 98.28\ldots$

C. 826 $826 \div 7 = 118$

D. 596 $596 \div 7 = 85.14\ldots$

E. 658 $658 \div 7 = 94$

Solo las opciones C y E cuando se dividen por 7 dan como resultado un número entero.

19) Las opciones C y D son correctas

(Si seleccionó 3 opciones y 2 de ellas son correctas, Entonces obtiene un punto. Si contestó 2 o 3 opciones y una de ellas es correcta, recibe un punto. Si seleccionó más de 3 opciones, no obtendrá conseguir cualquier punto para esta pregunta.)

$3x+2y=11$. Introduzca los valores de x y y de las opciones proporcionadas. Entonces:

A. $(-1,3)$ $3x + 2y = 11 \to 3(-1) + 2(3) = 11 \to -3 + 6 = 11$ NO es verdad!

B. $(2,3)$ $3x + 2y = 11 \to 3(2) + 2(3) = 11 \to 6 + 6 = 11$ NO es verdad!

C. $(-1,7)$ $3x + 2y = 11 \to 3(-1) + 2(7) = 11 \to -3 + 14 = 11$ Bingo!

D. $(5,-2)$ $3x + 2y = 11 \to 3(5) + 2(-2) = 11 \to 15 - 4 = 11$ Sí!

E. $(0,2)$ $3x + 2y = 11 \to 3(0) + 2(2) = 11 \to 0 + 4 = 11$ No!

20) La opción D es correcta

Usa el Teorema de Pitágoras: $a^2 + b^2 = c^2$, $6^2 + 8^2 = c^2 \Rightarrow 100 = c^2 \Rightarrow c = 10$

21) La respuesta es 240.

La razón de niño a niña es 2:3. Por lo tanto, hay 2 niños de cada 5 estudiantes. Para encontrar la respuesta, primero divida el número total de estudiantes por 5, luego multiplique el resultado por 2.

$600 \div 5 = 120 \Rightarrow 120 \times 2 = 240$

22) La opción C es correcta

Usar fórmula de porcentaje: parte $= \frac{\text{porcentaje}}{100} \times$ entera

$25 = \frac{\text{porcentaje}}{100} \times 20 \Rightarrow 25 = \frac{\text{porcentaje} \times 20}{100} \Rightarrow 25 = \frac{\text{porcentaje} \times 2}{10}$, multiplica ambos lados por 10.

$250 = \text{porcentaje} \times 2$, dividir ambos lados por 2. $125 = \text{porcentaje}$

23) La respuesta es 130.

El perímetro del trapezoide es 54.

Por lo tanto, el lado que falta (altura) es $= 54 - 18 - 12 - 14 = 10$

Área de un trapezoide: $A = \frac{1}{2} h (b_1 + b_2) = \frac{1}{2}(10)(12 + 14) = 130$

24) La opción C es correcta

Sea x el número. Escribe la ecuación y resuelve para x.

$\frac{2}{3} \times 18 = \frac{2}{5} \cdot x \Rightarrow \frac{2 \times 18}{3} = \frac{2x}{5}$, use la multiplicación cruzada para resolver para x.

$5 \times 36 = 2x \times 3 \Rightarrow 180 = 6x \Rightarrow x = 30$

25) La opción B es correcta

Para encontrar el descuento, multiplique el número por $(100\% -$ *tasa de descuento*).

Por lo tanto, para el primer descuento obtenemos:

$(D)(100\% - 20\%) = (D)(0.80) = 0.80 \, D$

Por aumento de 10%:

$(0.80 \, D)(100\% + 10\%) = (0.80D)(1.10) = 0.88 \, D = 88\% \, of \, D$

26) La opción B es correcta

Usa la fórmula de áreas de círculos.

$Área = \pi r^2 \Rightarrow 64 \pi = \pi r^2 \Rightarrow 64 = r^2 \Rightarrow r = 8$

El radio del círculo es 8. Ahora, usa la fórmula de la circunferencia.:

Circunferencia $= 2\pi r = 2\pi\,(8) = 16\,\pi$

27) La opción B es correcta

Use la fórmula para el Porcentaje de Cambio. $\dfrac{\text{Nuevo Valor}-\text{Valor Viejo}}{\text{Valor Viejo}} \times 100\,\%$

$\dfrac{28-40}{40} \times 100\% = -30\%$ (signo negativo aqui promedia que el nuevo precio es menor que el precio anterior).

28) La opción A es correcta

Sea x el número de años. Por lo tanto, $2000 por año es igual a 2000x. a partir de $ 24,000 de salario anual significa que debe agregar esa cantidad a 2000x. Ingresos más que eso es:

$$I > 2000x + 24000$$

29) La opción C es correcta

La pregunta es esta: ¿1,75 es qué porcentaje de 1,25? Usar fórmula de porcentaje:

$\text{parte} = \dfrac{\text{porcentaje}}{100} \times \text{entera} \Rightarrow 1.75 = \dfrac{\text{porcentaje}}{100} \times 1.25 \Rightarrow 1.75 = \dfrac{\text{porcentaje}\times 1.25}{100} \Rightarrow$

$175 = \text{porcentaje} \times 1.25 \Rightarrow \text{porcentaje} = \dfrac{175}{1.25} = 140$

30) La opción B es correcta

Usa la información provista en la pregunta para dibujar la forma.

Usa el Teorema de Pitágoras: $a^2 + b^2 = c^2$

$40^2 + 30^2 = c^2 \Rightarrow 1600 + 900 = c^2 \Rightarrow 2500 = c^2 \Rightarrow c = 50$

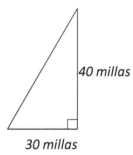
40 millas

30 millas

31) La opción D es correcta

Algunos de los números primos son: $2, 3, 5, 7, 11, 13$

Hallar el producto de dos números primos consecutivos: $2 \times 3 = 6$ (no en las opciones)

$3 \times 5 = 15$ (bingo!), $5 \times 7 = 35$ (no en las opciones)

32) La opción B es correcta

La pregunta es esta: 529.72 es qué porcentaje de646? Usar fórmula de porcentaje: $parte = \frac{porcentaje}{100} \times whole.$ $529.72 = \frac{porcentaje}{100} \times 646 \Rightarrow 529.72 = \frac{porcentaje \times 646}{100} \Rightarrow$

$529.72 = porcentaje \times 646 \Rightarrow porcentaje = \frac{529.72}{646} = 82$

529.72 es 82% of 646. Por lo tanto, el descuento es: $100\% - 82\% = 18\%$

33) La opción B es correcta

Si el puntaje de Mia fue 40, entonces el puntaje de Ava es 20. Dado que el puntaje de Emma fue la mitad que el de Ava, por lo tanto, el puntaje de Emma es 10.

34) La opción D es correcta

Si se sacan 17 bolas de la bolsa al azar, habrá una bola en la bolsa. La probabilidad de elegir una bola marrón es 1 de 18. Por lo tanto, la probabilidad de no elegir una bola marrón es 17 de 18 y la probabilidad de no tener una bola marrón después de sacar 17 bolas es la misma.

35) La opción B es correcta

Sea x el número más pequeño. Entonces, estos son los números.: x, $x + 1$, $x + 2$, $x + 3$, $x + 4$

$promedio = \frac{suma\ de\ términos}{número\ de\ términos} \Rightarrow 38 = \frac{x+(x+1)+(x+2)+(x+3)+(x+4)}{5} \Rightarrow 38 = \frac{5x+10}{5} \Rightarrow$

$190 = 5x + 10 \Rightarrow 180 = 5x \Rightarrow x = 36$

36) La opción D es correcta

El área del piso es: $8\,cm \times 24\,cm = 192\,cm^2$. El número de baldosas necesarias $= 192 \div 8 = 24$

37) La opción C es correcta

El peso de 12,2 metros de esta cuerda es: $12.2 \times 600\,g = 7320\,g$

$1\,kg = 1000\,g$, por lo tanto, $7320\,g \div 1000 = 7.32\,kg$

38) La opción C es correcta

4% del volumen de la solución es alcohol. Sea x el volumen de la solución.
Entonces: $4\%\ of\ x = 32\,ml \Rightarrow 0.04\,x = 32 \Rightarrow x = 32 \div 0.04 = 800$

39) La opción B es correcta

promedio $= \frac{\text{suma de términos}}{\text{número de términos}}$. La suma del peso de todas las niñas es: $23 \times 60 = 1,380\ kg$, La suma del peso de todos los niños es: $32 \times 62 = 1984\ kg$. La suma del peso de todos los estudiantes es: $1,380 + 1,984 = 3,364\ kg$. promedio $= \frac{3364}{55} = 61.16$

40) La opción D es correcta

Sea x el precio original. Si el precio de una computadora portátil se reduce en un 20% a $360, Entonces: 80% $of\ x = 360 \Rightarrow 0.80x = 360 \Rightarrow x = 360 \div 0.80 = 450$

41) La opción B es correcta

Escribe los números en orden: $3, 5, 8, 10, 13, 15, 19$

Como tenemos 7 números (7 es impar), entonces la Mediana es el número del medio, que es 10.

42) La respuesta es 678.24.

Área de superficie de un cilindro $= 2\pi r(r + h)$, El radio del cilindro es de 6 pulgadas y su altura es de 12 pulgadas. $\pi\ es\ aproximadamente\ 3.14$. Entonces: Área de superficie de un cilindro $= 2(\pi)(6)(6 + 12) = 216\ \pi = 678.24$

43) La respuesta es 12.

promedio $= \frac{\text{suma de términos}}{\text{número de términos}} \Rightarrow 15 = \frac{13 + 15 + 20 + x}{4} \Rightarrow 60 = 48 + x \Rightarrow x = 12$

44) La opción C es correcta

Sea x el precio original. Si el precio del sofá se reduce en un 25% a $420, entonces: 75% $of\ x = 420 \Rightarrow 0.75x = 420 \Rightarrow x = 420 \div 0.75 = 560$

45) Las opciones D y E son correctas

(Si seleccionó 3 opciones y 2 de ellas son correctas, Entonces obtiene un punto. Si contestó 2 o 3 opciones y una de ellas es correcta, recibe un punto. Si seleccionó más de 3 opciones, no obtendrá conseguir cualquier punto para esta pregunta.)
La ecuación de una recta está en la forma de $y = mx + b$, donde m es la pendiente de la línea y b es la intersección con el eje y de la línea. Dos

puntos $(1,2)$ y $(-1,6)$ están en línea A. Por lo tanto, la pendiente de la recta A es:

$pendiente\ de\ línea\ A = \frac{y_2 - y_1}{x_2 - x_1} = \frac{6-2}{-1-1} = \frac{4}{-2} = -2$

La pendiente de la línea A es -2. Así, la fórmula de la recta A es: $y = mx + b = -2x + b$, elija un punto e introduzca los valores de x y y en la ecuación para resolver b. Elijamos el punto $(1,2)$. Entonces: $y = -2x + b \rightarrow 2 = -2(1) + b \rightarrow b = 2 + 2 = 4$. La ecuación de la línea A es: $y = -2x + 4$

Ahora, revisemos las opciones proporcionadas:

A. $(-1,2)$ $\quad y = -2x + 4 \rightarrow 2 = -2(-1) + 4 = 6$ $\quad$ Esto NO es verdad.

B. $(5,7)$ $\quad y = -2x + 4 \rightarrow 7 = -2(5) + 4 = -6$ $\quad$ Esto NO es verdad.

C. $(3,4)$ $\quad y = -2x + 4 \rightarrow 4 = -2(3) + 4 = -2$ $\quad$ Esto NO es verdad.

D. $(3,-2)$ $\quad y = -2x + 4 \rightarrow -2 = -2(3) + 4 = -2$ $\quad$ Esto es verdad!

E. $(6,-8)$ $\quad y = -2x + 4 \rightarrow -8 = -2(6) + 4 = -8$ $\quad$ Esto es verdad!

46) La opción C es correcta

Utilice la fórmula de interés simple: $I = prt$ ($I = interés, p = principal, r = ritmo, t = tiempo$) $I = (9,000)(0.045)(5) = 2,025$

Prueba de Práctica de Razonamiento Matemático GED 2 Respuestas y Explicaciones

1) La respuesta es: -122

Usa PEMDAS (orden de operación):

$[6 \times (-24) + 8] - (-4) + [4 \times 5] \div 2 = [-144 + 8] - (-4) + [20] \div 2 = [-144 + 8] - (-4) + 10 = [-136] - (-4) + 10 = [-136] + 4 + 10 = -122$

2) La opción D es correcta

Utilice el método FOIL. $(2x + 2y)(2x - y) = 4x^2 - 2xy + 4xy - 2y^2 = 4x^2 + 2xy - 2y^2$

3) La opción D es correcta

Para resolver ecuaciones con valores absolutos, escriba dos ecuaciones. $x - 10$ podría ser 3 positivo o 3 negativo. Por lo tanto, $x - 10 = 3 \Rightarrow x = 13$. $x - 10 = -3 \Rightarrow x = 7$.

Encuentra el producto de soluciones: $7 \times 13 = 91$

4) **La opción B es correcta**

La ecuación de una línea en forma de intersección de pendiente es: $y = \mathrm{m}x + b$. Resuelve para y.

$4x - 2y = 12 \Rightarrow -2y = 12 - 4x \Rightarrow y = (12 - 4x) \div (-2) \Rightarrow y = 2x - 6$. La pendiente de esta recta es 2. El producto de las pendientes de dos rectas perpendiculares es -1. Por lo tanto, la pendiente de una recta que es perpendicular a esta recta es: $m_1 \times m_2 = -1 \Rightarrow 2 \times m_2 = -1 \Rightarrow m_2 = \frac{-1}{2} = -\frac{1}{2}$

5) **La opción A es correcta**

Introduzca el valor de x y y. $x = 3$ y $y = -2$

$5(x + 2y) + (2 - x)^2 = 5(3 + 2(-2)) + (2 - 3)^2 = 5(3 - 4) + (-1)^2 = -5 + 1 = -4$

6) **La opción D es correcta**

Sea x el número. Escribe la ecuación y resuelve para x.

$20\% \; of \; x = 4 \Rightarrow 0.20 \; x = 4 \Rightarrow x = 4 \div 0.20 = 20$

7) **La opción A es correcta**

A es 4 veces de B, Entonces: $A = 4B \Rightarrow (A = 12) \; 12 = 4 \times B \Rightarrow B = 12 \div 4 = 3$

8) **La opción D es correcta**

La distancia entre Bob y Mike es de 12 millas. Bob corre a 6,5 millas por hora y Mike corre a una velocidad de 8 millas por hora. Por lo tanto, cada hora la distancia es 1.5 millas menos. $12 \div 1.5 = 8$

9) **La opción D es correcta**

La tasa de reprobación es 11 de 44 o $\frac{11}{44}$. Cambiar la fracción a %: $\frac{11}{44} \times 100\% = 25\%$

25 por ciento de los estudiantes fracasaron. Por lo tanto, 75 porcentaje de estudiantes aprobados el examen.

10) La respuesta es 81.

Usar reglas de multiplicación de exponentes: $x^a \times x^b = x^{a+b}$,
Entonces: $3^2 \times 3^2 = 3^4 = 3 \times 3 \times 3 \times 3 = 81$

11) La opción D es correcta

Resuelve para x. $-1 \leq 2x - 3 < 1 \Rightarrow$ (sumar 3 todos los lados) $-1 + 3 \leq 2x - 3 + 3 < 1 + 3 \Rightarrow$
$2 \leq 2x < 4 \Rightarrow$ (dividir todos los lados por 2) $1 \leq x < 2$. x está entre 1 y 2. La opción D representa esta desigualdad.

12) La respuesta es 60.

Sea x el ancho del rectángulo. Usa el Teorema de Pitágoras:
$a^2 + b^2 = c^2$
$x^2 + 5^2 = 13^2 \Rightarrow x^2 + 25 = 169 \Rightarrow x^2 = 169 - 25 = 144 \Rightarrow x = 12$
Área of the rectangle $= largo \times ancho = 5 \times 12 = 60$

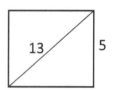

13) La opción B es correcta

El perímetro del trapezoide es de 36 cm. Por lo tanto, el lado que falta (altura) es $40 - 8 - 12 - 6 = 14$. Área de un trapezoide: $A = \frac{1}{2} h (b_1 + b_2) = \frac{1}{2} (14)(6 + 8) = 98$

14) La opción B es correcta

La probabilidad de elegir un Club es $\frac{13}{52} = \frac{1}{4}$

15) La opción D es correcta

Cambia los numeros a decimal y ahora compara.
$\frac{11}{15} = 0.73 \ldots, 0.74, 75\% = 0.75, \frac{19}{25} = 0.76$
Por lo tanto: $\frac{11}{15} < 0.74 < 75\% < \frac{19}{25}$

16) La opción B es correcta

$promedio \ (Media) = \frac{suma \ de \ términos}{número \ de \ término} \Rightarrow 80 = \frac{suma \ de \ términos}{50}$
$\Rightarrow suma = 80 \times 50 = 4{,}000$
La diferencia de 94 y 69 es 25. Por lo tanto, se debe restar 25 de la suma.
$4000 - 25 = 3{,}975$. $media = \frac{suma \ de \ términos}{número \ de \ término} \Rightarrow media = \frac{3{,}975}{50} = 79.5$

17) La opción B es correcta

Para obtener una suma de 6 para dos dados, podemos recibir $(1, 5), (5, 1), (2, 4), (4, 2), (3, 3)$. Entonces, tenemos 5 opciones. Para obtener una suma de 9, podemos recibir $(6, 3), (3, 6), (4, 5), (5, 4)$. Entonces, tenemos 4 opciones. Desde que tenemos $6 \times 6 = 36$ opciones totales, la probabilidad de obtener una suma de 6 y 9 es 9 (4+5) de 36 o $\frac{9}{36} = \frac{1}{4}$

18) La respuesta es 10.

Use la fórmula del volumen del prisma rectangular. $V = (largo)(ancho)(alto) \Rightarrow 2500 = (25)(10)(alto) \Rightarrow alto = 2{,}500 \div 250 = 10$

19) La opción C es correcta

Para encontrar el número de posibles combinaciones de atuendos, multiplique el número de opciones para cada factor:
$3 \times 5 \times 6 = 90$

20) La opción C es correcta

$4 \div \dfrac{1}{3} = 12$

21) La opción A es correcta

La diagonal del cuadrado es 4. Sea x el lado. Usar Teorema de Pitágoras
$a^2 + b^2 = c^2$
$x^2 + x^2 = 4^2 \Rightarrow 2x^2 = 4^2 \Rightarrow 2x^2 = 16 \Rightarrow x^2 = 8 \Rightarrow x = \sqrt{8}$
El área del cuadrado es: $\sqrt{8} \times \sqrt{8} = 8$

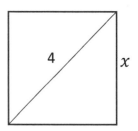

22) La opción C es correcta

$\text{Probabilidad} = \dfrac{número\ de\ resultados\ deseados}{número\ de\ resultados\ totales} = \dfrac{10}{15 + 10 + 10 + 25} = \dfrac{10}{60} = \dfrac{1}{6}$

23) Las opciones A y B son correctas

(Si seleccionó 3 opciones y 2 de ellas son correctas, Entonces obtiene un punto. Si contestó 2 o 3 opciones y una de ellas es

correcta, recibe un punto. Si seleccionó más de 3 opciones, no obtendrá conseguir cualquier punto para esta pregunta.)

El volumen del cubo es menor que $64\ m^3$. Usa la fórmula del volumen de cubos. volumen $= (un\ lado)^3 \Rightarrow 64 > \Rightarrow 64 > (un\ lado)^3$. Encuentra la raíz cúbica de ambos lados. Entonces: $4 > un\ lado$. El lado del cubo es menor que 4. Solo las opciones A y B son menores que 4.

24) La opción A es correcta

El ancho del rectángulo es el doble de su largo. Sea x la longitud. Entonces, $ancho = 2x$

Perímetro del rectángulo es $2\,(ancho + alto) = 2(2x + x) = 72$

$\Rightarrow 6x = 72 \Rightarrow x = 12$. la longitud del rectangulo es de 12 metros.

25) La opción D es correcta

$promedio = \dfrac{suma\ de\ términos}{número\ de\ terminos} \Rightarrow$ (promedio de 6 numeros) $10 = \dfrac{suma\ de\ números}{6} \Rightarrow$ la suma de 6 numeros es $10 \times 6 = 60$

(promedio de 4 numeros) $7 = \dfrac{suma\ de\ números}{4} \Rightarrow$ la suma de 4 numeros es $7 \times 4 = 28$

suma de 6 numeros $-$ la suma de 4 numeros $=$ la suma de 2 numeros

$60 - 28 = 32$. Promedio de 2 números $= \dfrac{32}{2} = 16$

194

26) La opción C es correcta

Resolución de Sistemas de Ecuaciones por Eliminación

Multiplique la primera ecuación por (-2), luego agréguelo a la segunda ecuación.

$$-2(2x+5y=11) \Rightarrow \begin{array}{l} -4x-10y=-22 \\ 4x-2y=-26 \end{array} \Rightarrow -12y=-48 \Rightarrow y=4$$

Introduce el valor de y en una de las ecuaciones y resuelve para x.

$2x+5(4)=11 \Rightarrow 2x+20=11 \Rightarrow 2x=-9 \Rightarrow x=-4.5$

27) Las opciones D y E son correctas

(Si seleccionó 3 opciones y 2 de ellas son correctas, Entonces obtiene un punto. Si contestó 2 o 3 opciones y una de ellas es correcta, recibe un punto. Si seleccionó más de 3 opciones, no obtendrá conseguir cualquier punto para esta pregunta.)

El área del círculo es menor que $81\pi \ ft^2$. Usa la fórmula de áreas de círculos.

Área$=\pi r^2 \Rightarrow 81\pi > \pi r^2 \Rightarrow 81 > r^2 \Rightarrow r < 9$

El radio del círculo es menor que $9 \ ft$. Por lo tanto, el diámetro del círculo es menor que $18 \ ft$. Solo las opciones D y E son menores que $18ft$.

28) La opción D es correcta

La razón de niño a niña es 4:7. Por lo tanto, hay 4 niños de 11 estudiantes. Para encontrar la respuesta, primero divida el número total de estudiantes por 11, luego multiplique el resultado por 4.

$55 \div 11 = 5 \Rightarrow 5 \times 4 = 20$. Hay 20 niños y 35 (55-20) niñas. Entonces, se deben inscribir 15 niños más para hacer la proporción. 1:1

29) La opción A es correcta

$2,500 \ de \ 65,000 \ es \ igual \ a \ \dfrac{2,500}{65,000} = \dfrac{25}{650} = \dfrac{1}{26}$

30) La opción A es correcta

Sea x el número de zapatos nuevos que el equipo puede comprar. Por lo tanto, el equipo puede comprar 120 x. El equipo tenía $20,000 y gastó $10,000. Ahora el equipo puede gastar en zapatos nuevos $10,000 como máximo. Ahora escribe la desigualdad: $120x + 10,000 \le 20,000$

31) La respuesta es 35.

Jason necesita un promedio del 70% para aprobar cinco exámenes. Por lo tanto, la suma de 5 exámenes debe ser al menos $5 \times 70 = 350$.
La suma de 4 exámenes es: $68 + 72 + 85 + 90 = 315$.
El puntaje mínimo que Jason puede obtener en su quinta y última prueba para aprobar es:
$350 - 315 = 35$

32) La opción B es correcta

Aislar y resolver para x. $\frac{2}{3}x + \frac{1}{6} = \frac{1}{2} \Rightarrow \frac{2}{3}x = \frac{1}{2} - \frac{1}{6} = \frac{1}{3} \Rightarrow \frac{2}{3}x = \frac{1}{3}$
Multiplica ambos lados por el recíproco del coeficiente de x.
$(\frac{3}{2})\frac{2}{3}x = \frac{1}{3}(\frac{3}{2}) \Rightarrow x = \frac{3}{6} = \frac{1}{2}$

33) La opción B es correcta

Utilice la fórmula de interés simple: $I = prt$ (I = interés, p = principal, r = tasa, t = tiempo)
$I = (14000)(0.035)(2) = 980$

34) La opción D es correcta

Simplifica. $5x^2y^3(2x^2y)^3 = 5x^2y^3(8x^6y^3) = 40x^8y^6$

35) La opción C es correcta

Área de superficie de un cilindro $= 2\pi r (r + h)$, el radio del cilindro es $2 (4 \div 2)$ pulgadas y su altura es de 8 pulgadas. Por lo tanto, el área de superficie de un cilindro $= 2\pi (2) (2 + 8) = 40\pi$

36) Las opciones D y E son correctas

(Si seleccionó 3 opciones y 2 de ellas son correctas, Entonces obtiene un punto. Si contestó 2 o 3 opciones y una de ellas es correcta, recibe un punto. Si seleccionó más de 3 opciones, no obtendrá conseguir cualquier punto para esta pregunta.)
Primero, encuentra la suma de cuatro números. promedio $= \frac{\text{suma de términos}}{\text{número de términos}} \Rightarrow$
$48 = \frac{\text{suma de 4 números}}{4} \Rightarrow$ suma de 4 números $= 48 \times 4 = 192$. La suma de 4 números

es 192. Si a estos números se les suma un quinto número mayor que 65, entonces la suma de 5 números debe ser mayor que 192+65=257. Si el número fuera 65, entonces el promedio de los números es:

$\text{promedio} = \frac{256}{5} = 51.4$. Dado que el número es mayor que 65. Entonces, el promedio de cinco números debe ser mayor que 51,4. Las opciones D y E son mayores que 51.4

37) La opción B es correcta

Escribe los números en orden: $3, 19, 27, 29, 35, 44, 68$
Mediana es el número del medio. Entonces, la Mediana es 29.

38) La respuesta es 130.

Usa la información provista en la pregunta para dibujar la forma.

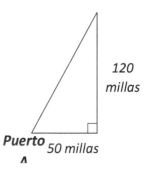

Usa el Teorema de Pitágoras: $a^2 + b^2 = c^2$

$50^2 + 120^2 = c^2 \Rightarrow 2500 + 14400 = c^2 \Rightarrow 16900 = c^2$
$$\Rightarrow c = 130$$

39) La opción D es correcta

Agregue 140 para F y ahora resuelve para C. $C = \frac{5}{9}(F - 32) \Rightarrow C = \frac{5}{9}(140 - 32) \Rightarrow$

$C = \frac{5}{9}(108) = 60$

40) La opción A es correcta

Primero, encuentra el número. Sea x el número. Escribe la ecuación y Resuelve para x.

150% de un numero es 75, Entonces: $1.5 \times x = 75 \Rightarrow x = 75 \div 1.5 = 50$
80% of 50 es: $0.8 \times 50 = 40$

41) La respuesta es 2.

Resuelve para y. $4x - 2y = 8 \Rightarrow -2y = 8 - 4x \Rightarrow y = 2x - 4$.
La pendiente de la recta es 2.

42) La opción C es correcta

volumen de una caja = largo × ancho × alto = 3 × 5 × 6 = 90

43) La opción A es correcta

Simplifica y combina términos similares. $(5x^3 - 8x^2 + 2x^4) - (4x^2 - 2x^4 + 2x^3)$
$\Rightarrow (5x^3 - 8x^2 + 2x^4) - 4x^2 + 2x^4 - 2x^3 \Rightarrow 4x^4 + 3x^3 - 12x^2$

44) La opción B es correcta

La población se incrementa en un 10% y un 20%. Un aumento del 10 % cambia la población al 110 % de la población original. Para el segundo aumento, multiplique el resultado por 120%.

$(1.10) \times (1.20) = 1.32 = 132\%$. 32 el porcentaje de la población aumenta después de dos años.

45) La opción C es correcta

El triple de 25.000 es 75.000. Una sexta parte de ellos canceló sus boletos.
Un sexto de $75,000$ es igual $12,500$ ($\frac{1}{6} \times 72,000 = 12,500$). $62,500$ ($75,000 - 12,500 = 62,500$) los fanáticos asistirán esta semana

46) La opción B es correcta.

Una ecuación lineal es una relación entre dos variables, x e y, y se puede escribir en la forma y=mx+b. Una relación lineal no proporcional toma la forma $y = mx + b$, donde $b \neq 0$ y su gráfica es una recta que no pasa por el origen. Solo en el gráfico B, la recta no pasa por el origen.

Effortless Math's GED Online Center

… Mucho más en línea!

Effortless Math Online GED Math Center ofrece un programa de estudio completo, que incluye lo siguiente:

✓ Instrucciones paso a paso sobre cómo prepararse para el examen de Matemáticas GED

✓ Numerosas hojas de trabajo de GED Math para ayudarlo a medir sus habilidades matemáticas

✓ Lista completa de fórmulas de GED Math

✓ Lecciones en video para temas de GED Math

✓ Exámenes de práctica de matemáticas de GED completos

✓ Y mucho más …

No es necesario registrarse.

Visit **EffortlessMath.com/GED** to find your online GED Math resources.

¡Reciba la versión PDF de este libro u obtenga otro libro GRATIS!

¡Gracias por usar nuestro libro!

¿Te ENCANTA este libro?

Entonces, ¡puede obtener la versión en PDF de este libro u otro libro absolutamente GRATIS!

Por favor envíenos un correo electrónico a:

info@EffortlessMath.com

para detalles.

Nota final del autor

Espero que hayan disfrutado leyendo este libro. ¡Has superado el libro! ¡Gran trabajo!

En primer lugar, gracias por adquirir esta guía de estudio. Sé que podrías haber elegido cualquier número de libros para ayudarte a prepararte para tu examen de matemáticas GED, pero elegiste este libro y por eso te estoy muy agradecido.

Me tomó años escribir esta guía de estudio para GED Math porque quería preparar una guía de estudio integral de GED Math para ayudar a los examinados a hacer el uso más efectivo de su valioso tiempo mientras se preparan para el examen.

Después de enseñar y dar clases particulares de matemáticas durante más de una década, he reunido mis notas y lecciones personales para desarrollar esta guía de estudio. Es mi mayor deseo que las lecciones de este libro puedan ayudarlo a prepararse para su examen con éxito.

Si tiene alguna pregunta, por favor póngase en contacto conmigo en reza@effortlessmath.com y estaré encantado de ayudar. Sus comentarios me ayudarán a mejorar en gran medida la calidad de mis libros en el futuro y hacer que este libro sea aún mejor. Además, espero haber cometido algunos errores menores en alguna parte de esta guía de estudio. Si cree que este es el caso, hágamelo saber para que pueda solucionar el problema lo antes posible.

Si disfrutó de este libro y encontró algún beneficio al leerlo, me gustaría saber de usted y espero que pueda tomarse un minuto para publicar una reseña en el book's Amazon page. Para dejar sus valiosos comentarios, visite: amzn.to/3x2a1Rc

O escanea este código QR.

Yo reviso personalmente cada reseña para asegurarme de que mis libros realmente lleguen y ayuden a los estudiantes y a los examinados. ¡Ayúdeme a ayudar a los examinados de matemáticas de GED, dejando una reseña!

¡Le deseo todo lo mejor en su éxito futuro!

Reza Nazari

Profesor de matemáticas y autor

Made in United States
Troutdale, OR
05/23/2024

20047373R00131